transpress **VERKEHRSGESCHICHTE**

Dietmar Franz
Rainer Heinrich
Reinhard Taege

Die Schmalspurbahn Gera - Pforten – Wuitz - Mumsdorf

transpress
VEB Verlag für Verkehrswesen
Berlin 1987

Das Titelbild zeigt einen Personenzug im Bahnhof
Gera-Pforten.   Foto: K. Kieper

Die Schmalspurbahn Gera-Pforten—Wuitz-Mums-
dorf/Dietmar Franz, Rainer Heinrich, Reinhard
Taege. — 1. Aufl.
Berlin, transpress, 1987 — 152 S., 180 Bilder,
20 Tab.
(Transpress-Verkehrsgeschichte)
NE: Dietmar Franz

ISBN 3-344-00124-8

1. Auflage 1987
© 1987 by transpress VEB Verlag für Verkehrswesen
1086 Berlin, Französische Straße 13/14
VLN 162-925/134/87-P 123/86
Printed in the German Democratic Republic
Gesamtherstellung: Mühlhäuser Druckhaus
Lektor: Eberhard Kittler
Einband: Günther Nitzsche
Typografie: Ingrid Romanowski
Manuskript abgeschlossen: Dezember 1984
LSV 3819
566 8944

01220

Vorwort

68 Jahre lang verband eine meterspurige Bahnstrecke im nördlichen Thüringer Vorland die Großstadt Gera mit der Bahnstation Wuitz-Mumsdorf an der regelspurigen Nebenstrecke Zeitz—Meuselwitz—Altenburg. Bis zum Jahre 1945 als Privatbahn unter der amtlichen Bezeichnung „Gera-Meuselwitz-Wuitzer Eisenbahn-AG" (G.M.W.E.) mit überwiegendem Güterverkehr betrieben, wurde sie im Jahre 1949 von der Deutschen Reichsbahn übernommen und mußte 1969 infolge von Unwetterschäden vorzeitig stillgelegt werden. Dieser Vorgang spielte sich ab, ohne daß die Öffentlichkeit oder ein größerer Kreis von Eisenbahnfreunden Anteil daran nahmen. Erst einige Jahre später erwachte das Interesse an der Geschichte und dem Schicksal dieser Schmalspurbahn, ausgelöst durch einige Veröffentlichungen in Fachzeitschriften.

Weiterführende Nachforschungen zur Geschichte und Technik der Bahn förderten die Idee zum Abfassen dieses Buches. Die noch vorhandenen Originalunterlagen aus der Privatbahnzeit der G.M.W.E. sind heute über mehrere Archive verstreut und durch chronologische Lücken gelichtet. Neben bekannten und überprüften Fakten sollen hier erstmals die in jahrelanger Kleinarbeit gewonnenen Erkenntnisse offeriert werden, die manchen Vorgang oder Gegenstand bei der G.M.W.E. in ein neues Licht setzen.

Daß dies möglich wurde, verdanken die Autoren den zahlreichen Gesprächspartnern aus Kreisen der Anwohner der einstigen Schmalspurstrecke, den Eisenbahnern und vielen Eisenbahnfreunden. Sie alle trugen mit Informationen, Hinweisen und der Bereitstellung von Materialien zur Gestaltung dieses Buches bei. Besondere Erwähnung für ihre Unterstützung verdienen: Frau Kellner (Rbd-Archiv Erfurt), Frau Stöhr (Rbd-Archiv Dresden), Dipl.-Ing. Klaus Kieper, Ing. Reiner Preuss, Dr. Dreßler und Herr Wachsmuth. Trotz aller Bemühungen seitens der Autoren zur Vollständigkeit bleiben in der Betriebsgeschichte noch einige Lücken. Wer mithelfen kann diese zu schließen, sei dazu freundlich aufgefordert.

Die Autoren

Inhalt

Schmalspurbahnbetrieb um 1950: ein Güterzug im Bahnhof Brahmenau.*   *Foto: Sammlung Franz*

1. „Einmal Wuitz-Mumsdorf, bitte!"

Die Schmalspurbahn Gera-Pforten—Wuitz-Mumsdorf verband die Industriestadt Gera mit dem Braunkohlengebiet um Meuselwitz. Im Bahnhof Wuitz-Mumsdorf, an der Nebenbahn Zeitz—Meuselwitz—Altenburg gelegen, hat die Schmalspurbahn Anschluß an das regelspurige Netz der Eisenbahn. In Gera bestand bis 1962 nur über die Gleise der Geraer Straßenbahn Anschluß an die Regelspurbahn.

Bedeutende Industriebetriebe mit einem großen Frachtaufkommen bestanden nicht mehr. Einige wenige Betriebe hatten einen gewissen Bedarf an Transportraum. Die Landwirtschaft beanspruchte die Schmalspurbahn nur während der Hackfruchternte. So war es jedenfalls 1968. Im gleichen Jahr, an einem Tag im Juli, schrieb ein Fahrgast nüchtern und sachlich seine noch frischen Eindrücke von einer Fahrt auf der ehemaligen G.M.W.E. nieder: „Ich stehe am Fahrkartenschalter des repräsentativen Empfangsgebäudes vom Bahnhof Gera-Pforten und verlange: ‚Einmal Wuitz-Mumsdorf, bitte!' Dann hinaus auf den Bahnsteig, wo der Personenzug 1662 zur Abfahrt bereitgestellt wurde. An der Spitze des Zuges befinden sich die Lokomotiven 99 5912 und 99 191. Der Zug besteht aus zwei Einheiten. Die erste Einheit, ein kombinierter Personen- und Packwagen, ein zweiachsiger und ein vierachsiger Personenwagen sowie ein Selbstentladewagen, wird mit der Lok 99 191 bis Wuitz-Mumsdorf fahren. Die zweite Zugeinheit, ein zweiachsiger Packwagen sowie ein zwei- und ein vierachsiger Personenwagen, fährt nur bis Söllmnitz mit.

Bis zur Abfahrt des Zuges verbleibt noch etwas Zeit, so daß ich mich noch etwas auf dem Bahnhof umsehen kann. Mir fällt die großzügige Gestaltung der Gleisanlagen auf. Die Vielzahl der in den Nachbargleisen abgestellten Güterwagen zeugt davon, daß der Personenverkehr immer eine untergeordnete Rolle gespielt hat.

Die Abfahrtszeit ist herangekommen, doch der Zug ist kaum besetzt. Genau um 6.26 Uhr kommt das Abfahrtssignal, und der Zug setzt sich in Bewegung. Gleich nach der Bahnhofsausfahrt beginnt mit einer Steigung von 1:28 der steilste Streckenabschnitt, jedoch nur auf eine Länge von wenigen hundert Metern. Im gemächlichen Tempo durchfährt der Zug den Zaufensgraben, eine landschaftlich reizvolle Talsenke. Trotz der Länge des Zuges werden die beiden Lokomotiven auf der ständigen Steigung nicht voll gefordert. Nach 15 Minuten Fahrzeit ist der Bahnhof Gera-Leumnitz erreicht. Auch hier befinden sich ausgedehnte Gleisanlagen. Auf dem „Rand" stehen abgestellte Drehschemelwagen, ein Schneepflug und ein Sprengwagen zur Unkrautbekämpfung.

Es geht weiter: Läutend und pfeifend überquert der Zug die Fernverkehrsstraße 7. Gleich danach beginnt ein längerer Gleisabschnitt, wo die Schienen verschweißt und auf Betonschwellen verlegt sind, man merkt es am ruhigeren Lauf der Wagen. Hier, zwischen Gera-Leumnitz und Trebnitz, liegt — mit 298 m ü. NN — der höchste Punkt der Strecke. In Trebnitz verlassen einige Reisende den Zug, nur wenige steigen zu. Einige hundert Meter hinter Trebnitz, am Kilometer 5,5, unterquert die Bahn die Autobahn Eisenach—Dresden. In langsamer Talfahrt nähert sich der Zug dem Haltepunkt Schwaara, der oberhalb des Dorfes liegt und eine reizvolle Aussicht ermöglicht. Länger als ein halbes Jahrhundert hat die Gemeinde um die Errichtung dieses Haltepunktes kämpfen müssen, der schließlich in den 50er Jahren eröffnet wurde. Bis zum nächsten Haltepunkt, Brahmenau Süd, ist noch etwas Zeit. Vom Zugführer ist zu erfahren, daß die Einstellung des Bahnbetriebes für 1970 geplant ist ... Als der Zug den ehemaligen Anschluß des Kalkwerkes Zschippach passiert, weist der Zugführer auf die hier noch deutlich erkennbaren Gleisbegradigungen aus den 30er Jahren

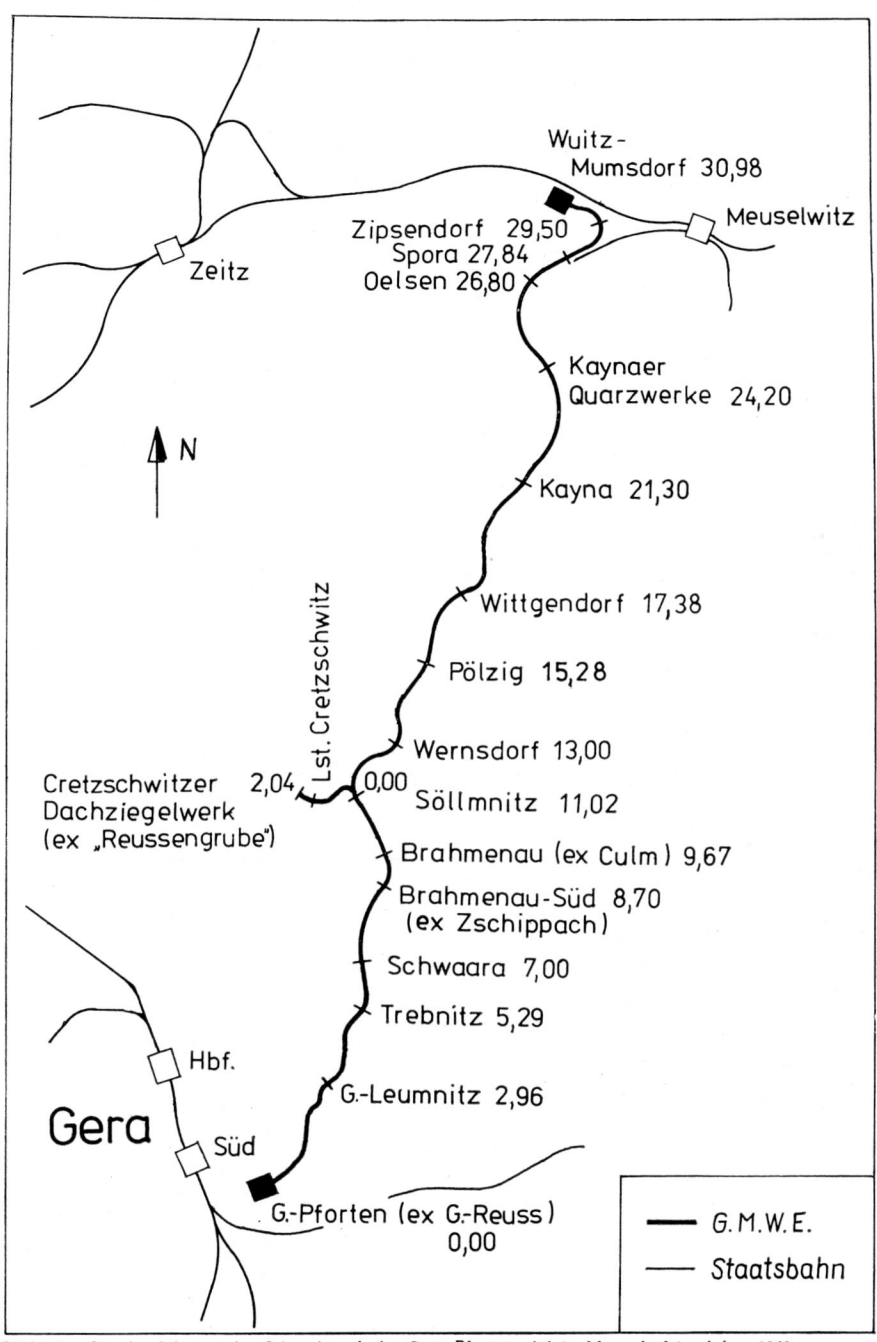

*Zeichnung:
Taege, nach
Touristenkarte*

Bild 1.1. Streckenführung der Schmalspurbahn Gera-Pforten—Wuitz-Mumsdorf im Jahre 1960.

Bild 1.2.
Kleinbahnidyll: Bahn-
steigsperre des Bahn-
hofs Gera-Pforten, 1968.
Foto: Heinrich

Bild 1.3.
Abfahrbereiter Perso-
nenzug mit der Lok
99 183 im Bahnhof
Gera-Pforten, 1967.
Foto: Wünschmann

hin. Nach dem Haltepunkt Brahmenau Süd führt die Strecke durch einen Mischwald und überquert den Brahmebach, bevor die Haltestelle Brahmenau erreicht ist. Bis zur Mitte der 30er Jahre befand sich hier ein weiteres Kalkwerk.

Nach nur kurzem Aufenthalt geht es weiter nach Söllmnitz. Langsam steigt die Strecke an. Unmittelbar vor dem Bahnhof Söllmnitz kreuzt der Zug nochmals den Brahmebach. Nach der Ankunft des Zuges wird die Lok 99 5912 abgekuppelt, ebenso

Bild 1.4.
Im Jahre 1968 aus dem fahrenden Zug fotografiert: Personenzug mit der Lok 99 5911 verläßt den Bahnhof Brahmenau in Richtung Wuitz-Mumsdorf. Rechts das Lagerhaus der BHG.
Foto: Heinrich

Bild 1.5.
Personenzug im Bahnhof Pölzig, 1967.
Foto: Wünschmann

die letzten drei Wagen. Sie werden als P 1663 nach Gera zurückfahren. Auf der rechten Seite des Bahnhofes liegt eine Schüttgutrampe des Dachziegelwerkes Cretzschwitz. Von hier aus wird roter Ton über ein immerhin 2 km langes An-schlußgleis zum Dachziegelwerk befördert.

Nach Verlassen des Bahnhofes Söllmnitz führt die Fahrt durch eine leicht hüglige Landschaft. Beidseitig der Bahnlinie erstrecken sich ausgedehnte Felder. Langsam durchfährt der Zug die Bedarfs-

9

haltestelle Wernsdorf. Das Überholgleis ist vom Unkraut total zugewachsen . . .

Der Bahnhof Pölzig ist nach 10 Minuten Fahrzeit erreicht. Fast alle Reisenden steigen hier aus. In langsamem Tempo wird dann wiederum landwirtschaftlich genutztes Gebiet durchfahren. Hier, zwischen Pölzig und Wittgendorf, liegt die Wasserscheide zwischen Brahme und Schnauder. In leichtem Gefälle geht es, vorbei an der Haltestelle Wittgendorf, dem Bahnhof Kayna entgegen, wo ein kurzer Aufenthalt vorgesehen ist.

Entlang dem Ufer der Großen Schnauder führt die Bahnlinie zum Quarzwerk Kayna. Auf einem Stumpfgleis ist eine Schmalspurdiesellok vom Typ V 10 C abgestellt. Sie diente Rangierzwecken in diesem Anschluß, scheint aber seit langem nicht mehr benutzt worden zu sein. Auf der rechten

Seite befinden sich die Gebäude der Kiesverladeanlage. Unser Zug fährt an der Verladestelle vorbei und hält erst hinter der letzten Weiche. Früher existierte hier auch eine Haltestelle für den Personenverkehr. Der Zugführer schließt die Weiche auf, und nach einem Signal mit Trillerpfeife fährt der Zug rückwärts in die Verladestelle hinein. Die dort bereitgestellten neun Selbstentladewagen werden angekuppelt, und der Zug fährt über die Anschlußweiche vor. Nachdem der Zugführer diese wieder verschlossen hat, geht es weiter in Richtung Wuitz-Mumsdorf.

Allmählich verändert sich jetzt die Landschaft, kommt doch das Braunkohlengebiet um Meuselwitz immer näher. In Spora, unweit der Haltestelle, befand sich eine Brikettfabrik, die ehemalige ‚Leonhard II'. Aber seit langem sind die Braunkohlenvorräte um Spora erschöpft. Zur Versorgung dieser Brikettfabrik mit Rohbraunkohle war in den 20er Jahren von umliegenden Kohlegruben eine Großraum-Förderbahn gebaut worden. Von dieser elektrifizierten Strecke ist jedoch

Bild 1.6. Typischer Personenzug im Bahnhof Wuitz-Mumsdorf (1968), bestehend aus: Lok 99 5912, KB 4 p 900-313, KB 901-251 und KDw 903-251.   *Foto: Heinrich*

nichts mehr zu sehen. Und das hier aus Meuselwitz endende Regelspurgleis ist vom Gras überwachsen. Von der einstigen Größe der Haltestelle Spora ist nichts mehr geblieben.

Nach Verlassen des Haltepunktes geht es in einer weiten Linkskurve dem Haltepunkt Zipsendorf entgegen. Auf der rechten Seite steht mitten auf einem Feld eine Betonbrücke. Sie entstand, als Ende der 40er Jahre eine Verlegung der Schmalspurbahn und des Schnauderbaches durch den Neuaufschluß eines Braunkohlentagebaues vorgesehen war. Unmittelbar danach fahren wir über die größte Brücke der Bahn. Sie ist 24 m lang und führt über die Große Schnauder. Einige hundert Meter hinter dem Haltepunkt Zipsendorf überquert die Schmalspurbahn die Grubenbahn des hiesigen Braunkohlenreviers.

In Wuitz-Mumsdorf komme ich pünktlich um 9.42 Uhr an. Der Bahnhof verfügt über umfangreiche Gleisanlagen und dies sowohl an Regel-, als auch an Schmalspurgleisen. Ein Teil der Gleise ist dreischienig ausgeführt. Straßenseitig vor dem Bahnhofsgebäude liegt ein Gleis der Grubenbahn mit einer Spurweite von 900 mm.

Bis zur Rückfahrt des Zuges sind noch fast vier Stunden Zeit. Unsere Lok führt eine Vielzahl von Rangierarbeiten aus. Wenige Minuten nach der Ankunft fährt übrigens ein Zug aus Altenburg zur Weiterfahrt nach Zeitz in den regelspurigen Bahnhofsteil ein. Gezogen wird er von einer Lok der Baureihe 83[10] des Bw Altenburg. Natürlich könnte ich auch diesen Zug benutzen — aber ich will die Schmalspuranlagen noch näher in Augenschein nehmen. Ich nutze die Zeit zu einem Abstecher zur ehemaligen Brikettfabrik ‚Leonhard'. Der Anschluß ist zwar stillgelegt, aber das Anschlußgleis liegt noch. Alles deutet auch hier auf die zur Neige gehenden Braunkohlenvorräte hin.

Wieder im Bahnhof Wuitz-Mumsdorf angekommen, erkundige ich mich nach dem Ort Wuitz. Die Antwort kommt prompt: Wuitz lag südwestlich vom Bahnhof, bis der Ort 1955 einem Braunkohlentagebau weichen mußte.

Der Fahrplan wird eingehalten: Pünktlich um 13.28 Uhr setzt sich der Zug, nun mit der Zugnummer 1667, in Bewegung, und um 16.44 Uhr kommt er wieder in Gera-Pforten an."

2. Geschichte

2.1. Vorgeschichte und Bahnbau

Im Jahre 1878 bildete sich in Meuselwitz ein Komitee zum Bau einer regelspurigen Sekundärbahn niedriger Ordnung von Meuselwitz nach Gera. Die Mitglieder dieses Komitees waren die Besitzer der Braunkohlengruben in unmittelbarer Nähe von Meuselwitz. Durch den Bau einer solchen Bahn versprachen sie sich einen guten Absatz in der aufstrebenden Industriestadt Gera.

Es blieb nicht aus, daß es — ebenfalls aus kommerziellen Gründen — auch in Gera zur Bildung eines Komitees zum Bau einer Sekundärbahn Gera—Meuselwitz kam. In einem Schreiben der Handelskammer Gera vom 9. April 1879, unterzeichnet vom Handelskammerpräsidenten A. Weber, an den Stadtrat zu Gera, wurde die Gründung dieses Komitees zur Kenntnis gegeben. Dem Komitee gehörten folgende Mitglieder an: Kommerzienrat Ferber (Firma Morand & Co.), Herr Meyer (Firma Ernst Fr. Weißflog), Herr Völkel (Firma Gebrüder Häußler), Herr Voß (Bauunternehmer) und Herr Veth (Stadtrat).

Die geplante Bahn sollte mit 28 km Länge die kürzeste Verbindung zwischen Meuselwitz und Gera herstellen und somit die Frachtkosten der um einige Kilometer längeren Staatsbahn über Zeitz unterbieten. Die Stadt Gera und die Kaufmannschaft in Gera begrüßten diesen Vorschlag und stellten für die Vorarbeiten zum Bahnbau je 1 000 Mark zur Verfügung. Das Komitee beauftragte nun den Herzoglichen Baurat Ferdinand Plessner — gleichzeitig Vorstandsmitglied des Vereins zur Förderung der Lokalbahnen in Berlin — mit der Ausarbeitung einer „Denkschrift zur Begründung einer normalspurigen Eisenbahn minderer Ordnung zwischen Meuselwitz und Gera". Im Juli 1880 lag die Denkschrift vor. Folgende Linienführung wurde vorgeschlagen: Meuselwitz—Spora—Kayna—Wittgendorf—Pölzig—Groitschen—Röpsen—Dorna—Tinz—Gera.

In Tinz sollte die geplante Bahn auf einem Viadukt die Eisenbahnlinien Zeitz—Gera (Thüringische Eisenbahn-Gesellschaft) und Weimar—Gera (Weimar-Geraer Eisenbahn) überqueren. Bis zum Bahnhof Gera hätten dann die Gleise der Weimar-Geraer Bahn mitbenutzt werden müssen. Neben dieser Variante der Linienführung wurde noch eine zweite in Erwägung gezogen, abzweigend in Wittgendorf über Beiersdorf, Seligenstädt, Rusitz nach Langenberg. In Langenberg sollte die Bahn in die Eisenbahnlinie Zeitz—Gera einmünden und bis zum Bahnhof Gera deren Gleise mitbenutzen. Das voraussichtliche notwendige Grundkapital wurde mit 2,25 Millionen Mark veranschlagt.

Auf Empfehlung des Bahnbaukomitees erklärte sich 1882 die Stadt Gera bereit, den Bau der Eisenbahnlinie mit 100 000 Mark zu unterstützen. Später war die Stadt Gera sogar willens, sich mit 150 000 Mark am Bahnbau zu beteiligen. Die Königlich-Sächsische Staatseisenbahn sah natürlich in der neuen Bahn einen ernsthaften

Tabelle 2.1. Streckeneröffnungen im Raum Gera—Zeitz—Altenburg

Eröffnungsdatum	Strecke
19. September 1842	Leipzig—Altenburg
15. März 1844	Altenburg—Gößnitz
20. Juni 1846	Halle—Weißenfels
19. Dezember 1846	Weißenfels—Weimar
9. Februar 1859	Weißenfels—Zeitz
19. März 1859	Zeitz—Gera
28. Dezember 1865	Gera—Gößnitz
20. Dezember 1871	Gera—Saalfeld—Eichicht
19. Juni 1872	Zeitz—Altenburg
20. Oktober 1873	Zeitz—Leipzig Leutzsch
20. September 1875	Wolfsgefährt—Wünschendorf—Weischlitz
19. Juni 1876	Gera—Weimar
17. Oktober 1887	Meuselwitz—Ronneburg
1. Dezember 1892	Gera—Wünschendorf
12. November 1901	Gera-Pforten—Wuitz-Mumsdorf

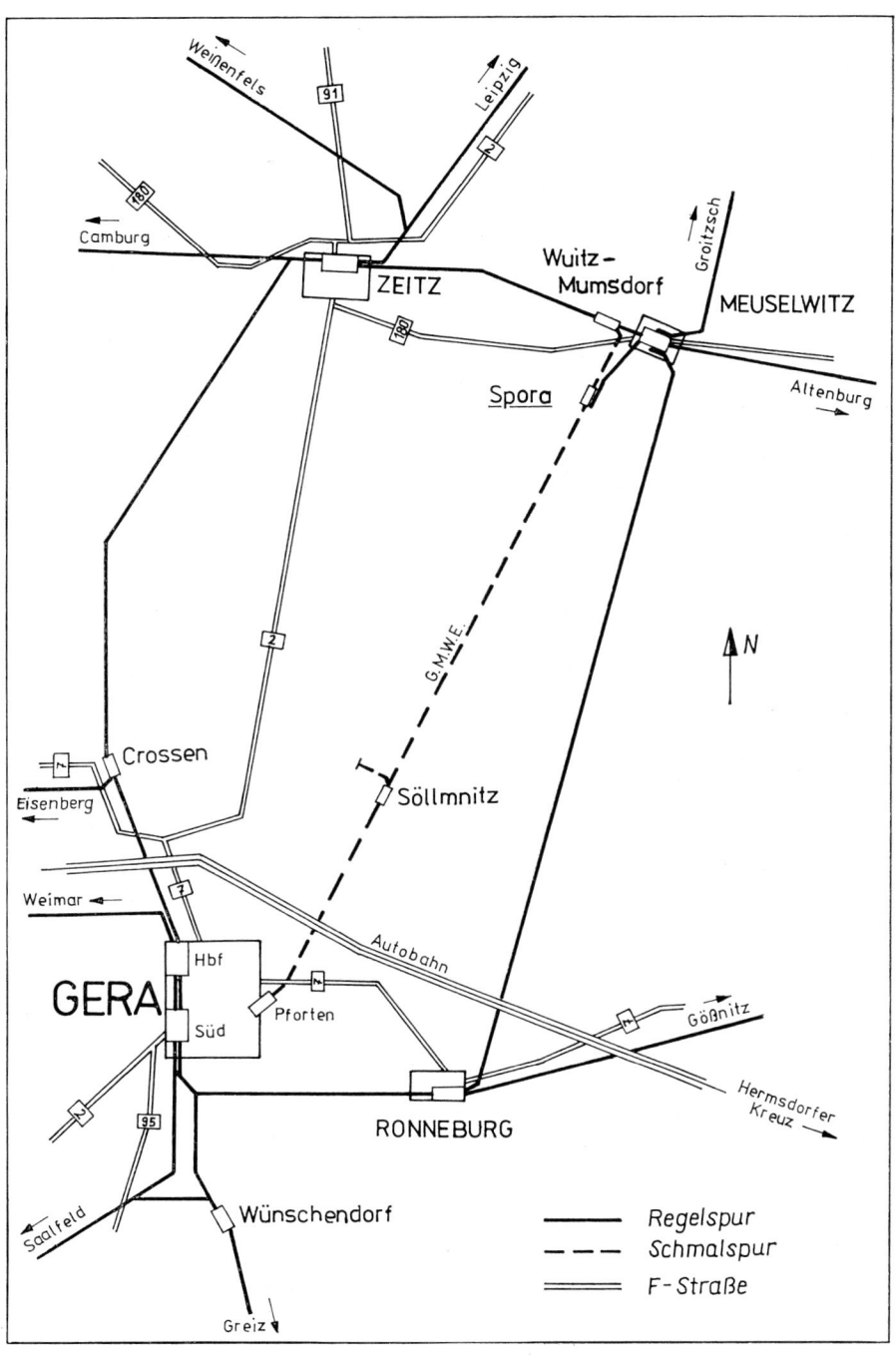

Bild 2.1. Die Eisenbahnstrecken im Raum Gera im Jahre 1960.

Zeichnung:
Taege, nach
Touristenkarte

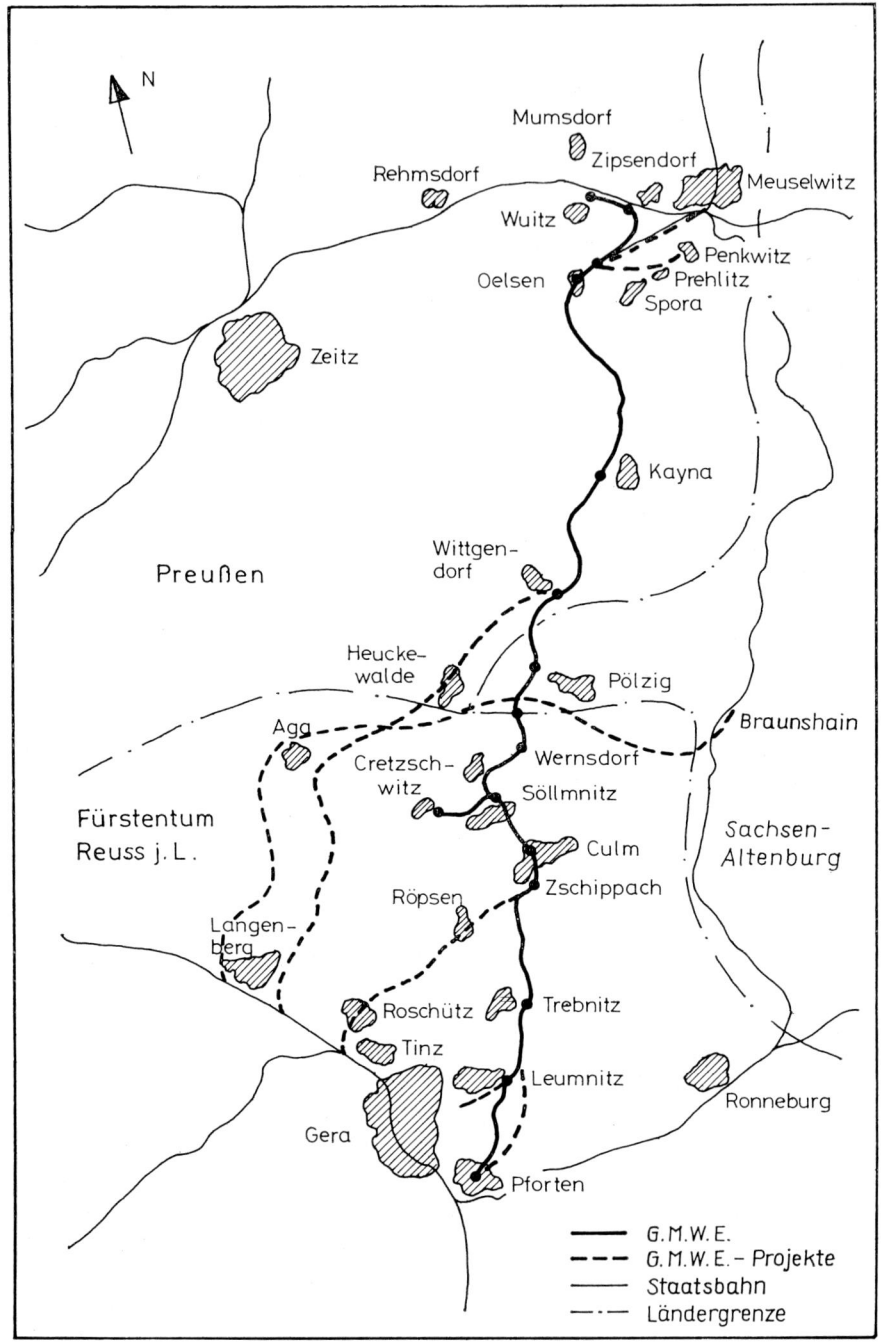

Bild 2.2. Bauprojekte der G.M.W.E., Stand 1898.

Konkurrenten. Sie lehnte deshalb diesen Vorschlag zum Bahnbau ab. Begründet wurde die Ablehnung mit Platzmangel im Bahnhof Meuselwitz und geplanten Umbauarbeiten auf dem Bahnhofsgelände.

Deshalb wurde das Projekt 1884 kurzerhand verändert: Als neue Endpunkte waren nun die Orte Prehlitz oder Penkwitz, etwa 3 km südlich von Meuselwitz, vorgesehen. Beide Orte lagen in einem Gebiet mit reichen Braunkohlevorkommen.

In der Geraer Zeitung vom 9. Oktober 1884 wurde so um neue Interessenten geworben:

„... Eisenbahn Gera—Prehlitz.
Nachdem von seiten der städtischen Vertretung die Zeichnung von 100 000 Mark in Stammaktien für das Eisenbahnbauunternehmen beschlossen worden ist, gestatten wir uns, an die Einwohnerschaft der Stadt Gera noch besonders das höfliche Ersuchen zu richten, es möchte auch von den Einzelnen noch das Unternehmen nach Kräften gefördert werden, dessen Zustandekommen besonders für die wirtschaftliche Weiterentwicklung unserer lieben Stadt in hohem Maße förderlich sein dürfte.

Der Stadtrat zu Gera
Ruick ..."

Noch im Jahre 1884 beantragte das Komitee die Konzessionen zum Bahnbau bei den beteiligten Ländern. Vom Königreich Preußen und vom Fürstentum Reuss wurden die Zustimmungen erteilt, das Herzogtum Sachsen — Altenburg lehnte ab. Deshalb mußte eine andere Streckenführung entwickelt werden, die das Herzogtum Sachsen — Altenburg — dabei speziell die Ortschaft Pölzig — nicht berührte. In Anlehnung an die zweite Variante der Denkschrift von 1880 wurde vorgeschlagen, die Strecke von Wittgendorf aus über Heuckewalde, Aga und Seligenstädt nach Langenberg zu führen. Dort sollte die Bahnlinie in die Hauptbahn Zeitz—Gera einmünden und bis zum Preußischen Bahnhof in Gera die Gleise der KPEV mitbenutzen. Nun aber verweigerte die Königlich Preußische Staatseisenbahn einen Anschluß an ihre Gleise! Und ein eigener Anschluß im Preußischen Bahnhof in Gera wurde wegen räumlicher Beengung abgelehnt. Das gesamte Bahnprojekt kam damit zum Erliegen und ruhte für längere Zeit.

Erst im April 1894, nach zehnjähriger Unterbre-chung, wurde das Bauvorhaben erneut aufgegriffen. Initiator war der Rittergutsbesitzer und Hauptmann a. D. Garke aus Wittgendorf. Garke hatte sich von Beginn an sehr um den Bahnbau bemüht. In einem Schreiben an die Stadt Gera führte er aus, daß sich die Verhältnisse für den Bahnbau durch die Inbetriebnahme der Geraer Straßenbahn am 22. Februar 1892 grundlegend geändert hätten. Er schlug vor, die Bahn analog der Geraer Straßenbahn schmalspurig, und zwar in einer Spurweite von einem Meter, zu bauen. Zwischen Langenberg und Tinz sollte ein eigener Bahnhof, unabhängig von der Hauptbahn, angelegt werden. Von diesem Schmalspurbahnhof sollte ein Verbindungsgleis zur Straßenbahnendhaltestelle Tinz führen. Die dann mit der Schmalspurbahn ankommenden Kohlewagen hätten mittels Straßenbahnlokomotiven abgeholt und über die Tinzer Chaussee, dann durch die Kaiser-Wilhelm-Straße (jetzt Wilhelm-Pieck-Straße), die Bismarckstraße (jetzt Friedrich-Engels-Straße), die Bielitz-Straße (jetzt John-Scheer-Straße) und die De-Smit-Straße (jetzt Julius-Fučik-Straße) den Fabriken, soweit diese Gleisanschluß besaßen, zugeführt werden können. In all den genannten Straßen lagen bereits Gleise der Geraer Straßenbahn, teils für den Güter- und teils für den Personenverkehr. Dieser geplante, einfache Wagenumlauf von den Brikettfabriken um Meuselwitz bis in die Geraer Betriebe ließ eine sehr große Kostenersparnis erwarten.

Das Bekanntwerden des Projekts dieses Güterverkehrs innerhalb der Stadt löste bei Hausbesitzern und Anwohnern der Kaiser-Wilhelm-Straße und der Bismarckstraße energischen Protest aus. An die Stadt Gera wurde ein von 80 Personen unterschriebenes Protestschreiben gerichtet. Man forderte die Unterbindung des Vorhabens mit folgender Begründung:

„... Wir Grundstücksbesitzer sind schon durch den bisherigen Betrieb schwer geschädigt. Die Häuser zittern beim Vorbeifahren der Züge, Belästigungen durch Dampf und Funkensprühen sind ganz erheblich. Das Rangieren auf der Straße ist eine Schmach und die Fahrgeschwindigkeit in der Bismarck- und Bielitz-Straße gemeingefährlich und absolut gesetzwidrig. Der Verkehr wird dann lebensgefährlich. Man kann kaum ohne Gefahr aus seinem Grundstück heraustreten, und die Verkehrsbelastungen werden den Grundbesitz im Werte kolossal mindern ..."

Bild 2.3.
Straßenbahnszenerie in Gera, um 1900. Links der 1891 gebaute Tw 12, rechts die Trambahnlok 2 (Henschel 1882).
Foto: Sammlung der Museen der Stadt Gera

Die Stadt Gera wurde sogar aufgefordert, den vor zehn Jahren bewilligten Zuschuß zu den Kosten des Bahnbaues bzw. den entsprechenden Stadtratsbeschluß von 1884 rückgängig zu machen. Trotz der Proteste wurde der Vorschlag des Rittergutsbesitzers Garke im Herbst 1894 vom Stadtrat Hauck befürwortet. Unter dem Vorsitze des Oberbürgermeisters Ruick bildete sich ein neues Komitee. Dessen erste Sitzung fand am 17. November 1894 im Hotel Frommater in Gera statt. Eingeladen waren auch Baurat Waechter und Bauunternehmer Vering aus Berlin. Von deren Firma war bereits die Geraer Straßenbahn erbaut worden. Das Komitee beauftragte sie nun mit der Ausarbeitung der günstigsten Linienführung. In den Folgejahren war einmal von einer Meuselwitz-Tinzer, ein anderes Mal von einer Zipsendorf-Tinzer Schmalspurbahn die Rede.

Das Fürstlich Reuss-Plauische Ministerium erteilte endlich 1895 die Konzession zum Bau einer Schmalspurbahn von Meuselwitz durch das Brahmetal nach Tinz. Gleichzeitig wurde darauf hingewiesen, daß eine finanzielle Beteiligung nicht erfolgen könne. Die Konzession enthielt die Bedingung, in Tinz einen eigenen Bahnhof zu errichten und die Züge mit höchstens vier Wagen durch die Stadt zu fahren. Ferner sollte auf der Tinzer Chaussee ab Endstation der Straßenbahn in Tinz bis zur Bismarckstraße ein zweites durch-

gehendes Gleis eingebaut werden. Neben dem Fürstentum Reuss erteilten jetzt auch das Königreich Preußen und das Herzogtum Sachsen — Altenburg die Konzessionen zum Bahnbau.

Die Königlich Sächsische Staatseisenbahn, die ja bereits 1882 den Bau der Bahn Meuselwitz—Gera abgelehnt hatte, ließ nichts unversucht, die Kohletransporte aus dem Meuselwitzer Gebiet nach Gera auf ihre Strecken zu ziehen. 1896 — während der Bauarbeiten an der Bahnlinie Meuselwitz—Ronneburg — wurde vorgeschlagen, einen in Groß-Braunshain beginnenden Abzweig von dieser Strecke über Pölzig, Wernsdorf, Groß-Aga, Seligenstädt, Wacholderbaum nach Langenberg zu bauen. Die Königlich Sächsische Staatseisenbahn unterbreitete sogar den Vorschlag, den Abzweig schmalspurig auszuführen! Dieser Plan wurde jedoch nie realisiert.

Doch nun trat der Rat der Stadt Gera gegen den geplanten Güterverkehr von Tinz nach Gera auf, in der Hauptsache wegen der Überlastung der städtischen Straßen. In einer Sitzung des Stadtrates wurde jegliche Unterstützung des geplanten Bahnunternehmens Brehlitz—Tinz—Gera mit städtischen Mitteln abgelehnt. Die Rentabilität dieser Schmalspurbahn wurde angezweifelt, zumal die Bahnlinie Meuselwitz—Ronneburg am 17. Oktober 1887 eröffnet worden war.

Der Rat verlangte die Ausarbeitung eines neuen

Projektes, den Bau der Bahn in Regelspur und die Einleitung der Bahn in eine der Vollbahnen in Gera. Von dieser ablehnenden Haltung des Rates setzte Oberbürgermeister Ruick als derzeitiger Vorstand des Komitees die Firma Vering & Waechter in Kenntnis. Mit dem Ausdruck des Bedauerns bat er um neue Vorschläge. 1897 wurde wieder ein neues Komitee gebildet. Diesem unterbreiteten Vering & Waechter den Vorschlag, die Bahn ab Zschippach nicht durch das Brahmetal, sondern über die Orte Schwaara, Trebnitz und Leumnitz durch das Tal des Zaufengrabens nach Pforten zu führen. Der Gedanke der Schmalspurbahn wurde aber beibehalten. Die Bahn sollte geschickt die topografischen Gegebenheiten des Geländes ausnutzen. Zur Höhengewinnung boten sich die Seitentäler der Weißen Elster, das Tal des Zaufengrabens, das Brahmetal, das Riesbachtal und das Tal des Schnauderbaches an.

In einem 1897 durch die Firma Vering & Waechter erarbeiteten Erläuterungsbericht war die geplante Schmalspurbahn genau beschrieben: „... In Gera erhält die Bahn Anschluß an die vorhandene elektrische Straßenbahn von 1,0 m Spurweite, so daß ein leichter Austausch der Wagen stattfinden kann. Zu diesem Ende wird die Straßenbahn von Lindenthal die Oststraße zu Pforten hinaufgeführt bis zum projectierten Bahnhof der neuen Bahn. ... Hinter dem Bahnhof Gera steigt die Bahn unmittelbar im Thale des Zaufengrabens empor, zunächst mit einer Steigung mit 1:33 und dann auf einer Länge von 2 070 m mit einer Steigung von 1:28, der größten auf der Bahnvorkommenden Steigung ...

An der Haltestelle Söllmnitz wird die Bahn dem Thonwerk Reußengrube bei Kretzschwitz Gleis-Anschluß gestatten. ... Von diesem Punkte (gemeint ist die Wasserscheide zwischen Spora und Meititzmühle — d. V.) aus wendet sich die Bahn unter Berührung des Ortes Oelsen direkt zur Zuckerfabrik Spora, benutzt das Anschlußgleis dieser Fabrik zum Bahnhof Meuselwitz durch Einlegung einer dritten Schiene und erreicht so den Bahnhof Meuselwitz der Zeitz-Altenburger Bahn. Von hier aus ist der Gleis-Anschluß an die Zeche ‚Vereinsglück' und eventuell ‚Prehlitz' geplant, während die Zechen ‚Nisma' und ‚Kieferschacht' ihren Anschluß mittels einer Drahtseilbahn finden würden. ..."

In diesem Erläuterungsbericht wurde besonders vorgesehen: „... Sollte sich im Laufe des Betriebes herausstellen, daß zwischen der von der Gera-Meuselwitzer Bahn durchzogenen Gegend

und den über Gera hinaus gelegenen Orten ein erheblicher Güteraustausch stattfindet, so soll — im Einvernehmen und nach Vorschrift der Preußischen Staatsbahn — eine Anschlußbahn von Söllmnitz aus durch das Brahmethal bis zur Preußischen Staatsbahn bei Tinz hergestellt werden. ...

Nach den Vorschriften des zuständigen preußischen Ministeriums sollte diese Schmalspurbahn nicht dem Kleinbahngesetz vom 2. Juli 1892, sondern dem Eisenbahngesetz vom 3. November 1838 entsprechen. Die Betriebshaltestellen der Gera-Meuselwitzer Bahn hätten dabei direkte Verbindungen mit denen der Staatsbahnen haben können. Die Gesamtkosten dieser Schmalspurbahn waren mit 1 770 000 Mark, davon für den Grunderwerb 170 000 Mark, veranschlagt. Das regelspurige Anschlußgleis Meuselwitz—Zuckerfabrik Spora, welches durch Einfügen einer dritten Schiene genutzt werden sollte, erwarb die Firma Vering & Waechter durch Kauf von der Königlich-Sächsischen Staatseisenbahn.

Mit dieser Variante der Linienführung war der Rat der Stadt Gera letztendlich einverstanden. Er bewilligte 1897 einen verlorenen Zuschuß für den Bahnbau in Höhe von 60 000 Mark. Das Fürstentum Reuß steuerte 37 000 Mark zu. Eine größere Anzahl von Landgemeinden des Kreises Zeitz, welche sich von der geplanten Bahn erhebliche Vorteile versprachen, beantragten — allerdings erfolglos — 1897 beim Kreistag des Kreises Zeitz einen Zuschuß zu den Grunderwerbskosten der Eisenbahn Gera—Meuselwitz in Höhe von 30 000 Mark.

Noch im Jahre 1897 wurde die zu errichtende Bahnlinie von Vertretern der Firma Vering & Waechter einer Besichtigung unterzogen. Die Geraer Zeitung vom 1. Mai 1897 berichtete dazu:

„... Vom oberen Brahmethale, 29. 4.
Am Montag, Dienstag und Mittwoch dieser Woche wurde die neu zu erbauende Strecke Gera—Meuselwitz von den Herren Baurat Waechter und Baudirektor Ausborn — Berlin, Geometer Stiefelhagen — Gera und Direktor Wilkens — Cretzschwitz einer speziellen Besichtigung unterzogen. Im allgemeinen war man mit den bereits aufgestellten Projekten dieser technisch schwierigen Strecke einverstanden. Wie wir erfahren, würde der Bau der für uns so wichtigen Strecke noch im Laufe dieses Jahres beginnen, wenn die Grunderwerbsfragen, die von den Gemeinden und Interessenten übernommen wurden, erledigt sind. ..."

Auf Antrag der Gemeinde Leumnitz erfolgte 1898 nochmals eine Änderung des Bahnprojekts. Der Bahnhof Leumnitz wurde in die Nähe der Sommermeyerschen Ziegeleien verlegt. Ursprünglich sollte er unmittelbar an der Ronneburger Landstraße liegen. Die Baufirma erklärte sich mit der von der Gemeinde Leumnitz gewünschten Lage einverstanden, erhob aber die Forderung, Grund und Boden kostenlos und reallastenfrei zu überlassen. Infolge entstandener Mehrkosten durch die Änderung des Projektes wurde überdies ein unverzinslicher und nicht rückzahlbarer Zuschuß von 10 000 Mark gefordert. Die Gemeinde Leumnitz akzeptierte diese Forderungen. Gleichzeitig regte sie den Bau eines Abzweiggleises vom Bahnhof Leumnitz zum östlichen Teil der Stadt Gera an. Als Endpunkt dieser Zweiglinie sah man einen Platz in der Nähe der projektierten neuen Schule (jetzige Karl-Liebknecht-Oberschule) in Verlängerung der Hospitalstraße (jetzt Karl-Liebknecht-Straße) vor. Dieser Plan wurde jedoch nie Wirklichkeit.

Zu einer weiteren Änderung des Bahnprojektes kam es im Jahre 1900. Die Königlich Sächsische Staatseisenbahn gestattete keinen Anschluß der Schmalspurbahn in Meuselwitz. Sie erklärte sich aber mit dem Haltepunkt Wuitz-Mumsdorf als Endpunkt einverstanden. Im Zeitzer Anzeiger vom 25. Februar 1900 war dazu vermerkt:

„. . . Zum Bau der Bahn Gera—Meuselwitz. Das fragliche Unternehmen hat die allerbesten Aussichten. Dadurch, daß vorderhand eine Einmündung in den Bahnhof Meuselwitz, dessen Höherlegung und Umbau beschlossene Sache ist, nicht stattfinden wird, ist der Weiterbau von Spora nach Wuitz nötig geworden. Die Pläne haben ergänzt und erweitert und in der neuen Fassung den beteiligten Staatsregierungen von neuem unterbreitet werden müssen, und das hat Zeit gekostet. Zur Zeit wird der abschließende Staatsvertrag bearbeitet; sobald der fertiggestellt ist, wird die Konzession erteilt und dann sogleich mit dem Bau, der noch in diesem Jahr beendet werden soll, begonnen. Schwellen und Schienen liegen zu hunderttausenden im Bahnhof Meuselwitz, die Wagen und Lokomotiven stehen bereit, um demnächst beim Bau verwendet zu werden. Der Grund und Boden ist, kleine Stücke ausgenommen, erworben. . . ."

Die neue Strecke führte von Spora zunächst in Richtung Zipsendorf. Von da ab lief sie bis Wuitz-Mumsdorf parallel zur regelspurigen Nebenbahn Zeitz—Meuselwitz—Altenburg. Der Haltepunkt Wuitz-Mumsdorf sollte als Gemeinschaftsbahnhof mit Umsteige- und Umlademöglichkeit für Personen und Güter eingerichtet werden.

Durch diese nochmalige Änderung des Bahnprojektes verlängerte sich die Gesamtstrecke auf 31,2 km, wovon sich je rund 14 km auf dem Gebiet des Königreiches Preußen und des Fürstentums Reuss und 3 km — nun doch! — im Herzogtum Sachsen — Altenburg befanden. Durch die Anlage des Streckenendpunktes in Wuitz-Mumsdorf wurde das Anschlußgleis von Meuselwitz zur Zuckerfabrik Spora von der Firma Vering & Waechter nicht mehr benötigt. Mit Wirkung vom 1. Juli 1902 ging es wieder in den Besitz der Königlich Sächsischen Staatseisenbahn über.

Anfang 1900 wurden zum dritten Mal die Konzessionen bei den beteiligten Ländern beantragt. Und am 6. Juli 1900 erfolgte die Gründung der Gera-Meuselwitz-Wuitzer Eisenbahn-AG (G. M. W. E.). Sitz der Aktiengesellschaft war bis zum Jahre 1920 Berlin. Gerade um die Jahrhundertwende war es für viele Firmen eine Frage des Prestiges, ihren Sitz in der damaligen Reichshauptstadt zu haben. Das „Direktionsbureau" befand sich zwischen 1901 und 1918 in Berlin SW 11, Bernburger Str. 15/16 und von 1918 bis 1920 in Berlin W 35, Steglitzer Str. 77/78. Dort fanden auch die jährlichen Generalversammlungen statt. Die Mitglieder des Aufsichtsrats waren: A. G. Wittekind (Vorsitzender der Deutschen Credit-Anstalt und Bankdirektor, Berlin), Carl Waechter (Baurat und Stellvertreter des Vorsitzenden, Berlin), Karl Mommsen (Bankdirektor, Berlin) und Werner Ausborn (Bankdirektor, Charlottenburg). Vorstandsvorsitzender der Aktiengesellschaft war Ernst Quandt (Regierungsbaumeister a. D. und Vorsitzender der Deutschen Eisenbahn-Betriebsgesellschaft, Schöneberg).

Die personelle Zusammensetzung des Aufsichtsrates blieb — mit einer Ausnahme, dem Ersatz Carl Waechters durch dessen Sohn Dr. Max Waechter im Jahre 1913 — von 1900 bis 1919 gleich.

Die Betriebsleitung oblag — wie damals oft üblich — der Baufirma. Oberster Betriebsleiter war der Aufsichtsratsvorsitzende Ernst Quandt. Er hatte für die Realisierung der Aktionärsbeschlüsse zu sorgen, die Geschäftsberichte und Jahresbilanzen abzufassen und Verbindung mit dem für die G. M. W. E. zuständigen Königlichen Eisenbahn-Kommissar (ab 1918 Eisenbahn-Kommissar für Privatbahn-Aufsicht) in Erfurt zu halten.

Bild 2.4.
Eine Aktie der
G.M.W.E.-AG.
Foto: Sammlung Franz

In die Zuständigkeiten dieses Eisenbahn-Kommissars fielen solche Belange wie:
— Beurteilung finanzieller Vorgänge bei der G. M. W. E., beispielsweise in Angelegenheiten der Neubeschaffung von Betriebsmitteln,
— Prüfung von Bauanträgen für Neubau und Erweiterung von Bahnanlagen und Hochbauten,
— Genehmigung veränderter Fahrpläne und die allgemeine Überwachung des Betriebs und der Sicherheit bei der Bahn,
— Entgegennahme von Meldungen zum Betriebsgeschehen, z. B. bei Betriebsstörungen oder Vorkommnissen.

Das konzessionell festgelegte Aktienkapital der G. M. W. E. (Grundkapital) war mit 2 253 000 Mark veranschlagt. Aufrufe zur Einzahlung und Ausgabe der Stammaktien erfolgten am:
1. Mai 1900 mit 25 Prozent des Aktienkapitals,
1. Juni 1900 mit 20 Prozent des Aktienkapitals,
1. Juli 1900 mit 20 Prozent des Aktienkapitals und
bis 1. Oktober 1900 mit 35 Prozent des Aktienkapitals.

Das Königreich Preußen erteilte am 20. August 1900, das Fürstentum Reuss am 5. Oktober 1900 und das Herzogtum Sachsen — Altenburg am 12. November 1900 die Konzession zum Bahnbau. Zweck der Gesellschaft und Gegenstand des Unternehmens wurden in dem 1901 abgeschlossenen Gesellschaftsvertrag der Aktiengesellschaft festgelegt.

Die Vorarbeiten zum Bahnbau hatten bereits im Juli 1898 unter der Leitung des Oberingenieurs Zöller begonnen. Verzögerungen traten vor allem infolge der Schwierigkeiten bei den Grundstückserwerbungen für den Bahnbau auf. Rund 20 km der Strecke wurden gekauft, rund 12 km im Enteignungsverfahren erworben. Dadurch verzögerte sich der Bahnbau um mindestens ein halbes Jahr. Teilweise mußten auch Bohrungen zur Untersuchung der Bodenbeschaffenheit vorgenommen werden. Die Erledigung dieser Vorarbeiten zog sich bis zum Jahre 1900 hin.

Im Juli 1900 begannen die eigentlichen Arbeiten an der Bahnstrecke, wiederum unter der Leitung des Oberingenieurs Zöller. Begonnen wurde im Bahnhof Gera. Um ein entsprechendes Bahnhofsgelände zu schaffen, mußte der Zaufensgraben verlegt werden. Auf eine Länge von 150 m wurde er in einen 1,8 m breiten Kanal gefaßt. Zur Gewinnung des Planums für den Bahnhof waren etwa 20 000 m³ Erdmassen zu bewegen. Diese bestanden zum großen Teil aus Kalkstein, der dann als Packlager für den Streckenbau Verwendung fand. Weiteres Baumaterial wude aus einer Kiesgrube nahe Oelsen gefördert, welche die Firma Vering & Waechter dafür erschloß.

Bild 2.5. Empfangsstimmung auf dem Bahnhof Kayna am 12. November 1901: Militär, Schützenverein, Feuerwehr, Ortsgendarm und Bevölkerung erwarten den Eröffnungszug aus Gera.
Foto: Sammlung Schmidt

Der Bau der Strecke war in vier Lose eingeteilt:

Los I: Strecke von der Flurgrenze Pforten bis Trebnitz,

Los II: Strecke von Trebnitz bis Bahnhof Söllmnitz und Abzweig zur Reußengrube nach Cretzschwitz,

Los III: Strecke vom Bahnhof Söllmnitz bis Bahnhof Kayna,

Los IV: Strecke vom Bahnhof Kayna bis Wuitz-Mumsdorf.

Beim Bahnbau waren auch ausländische Arbeiter, vorwiegend aus Galizien und Kroatien, eingesetzt.

Unweit der künftigen Bahnstrecke, in der Nähe des Ortes Wuitz, entstand die Brikettfabrik „Leonhard I", die im November 1900 in Betrieb ging. Aktionär von „Leonhard I" und dann auch von „Leonhard II" war — bis 1920 — die Firma Vering & Waechter.

Ein Bericht aus der Geraer Zeitung vom 27. November 1900:

„... In aller Stille, etwas abseits vom Lärm der Landstraße, ist die Grube Leonhard I bei Wuitz entstanden und im Bau soweit fortgeschritten, daß bereits die ersten Ladungen

Kohle konnten verfrachtet werden. Der Bau ist sehr günstig gegangen, während die Filiale Grube ‚Leonhard II' bei der Zuckerfabrik Spora im Bau vorläufig eingestellt werden mußte. Wie verlautet, soll auch letztere Grube noch betriebsfähig gemacht werden. Auch die mit diesen Gruben in Verbindung stehende Bahnlinie Gera—Wuitz ist soweit fortgeschritten, daß sie nächstes Jahr, wenn die Kirschen rot werden, in Betrieb gestellt werden soll. Die Bahnhofsgebäude auf Station Wuitz sind im Rohbau fertig, auch die 24 m lange Bahnbrücke, die bei Brossen über die Schnauder führt, ist im Bau begriffen. ..."

Der Bau der Empfangsgebäude war Baubetrieben aus der näheren Umgebung übertragen worden. Mitte 1901 waren sie — bis auf wenige Ausnahmen — fertiggestellt. Der Bau der Verbindungsbahn zum Sächsischen Güterbahnhof (heute Güterbahnhof Gera-Süd) ging ebenfalls voran. Welchen Enthusiasmus die Geraer Bürger der Bahn entgegenbrachten, ist einer Notiz der Geraer Zeitung vom 14. August 1901 zu entnehmen:

„... Pforten, den 12. 08. 01 — Zum Bahnbau Gera—Meuselwitz. Als ein außergewöhnliches Ereignis wurde heute in der Oststraße die erstmalige Durchfahrt einer Lokomotive gefeiert. Aus diesem Anlaß hatte ein dortiger Wirt geflaggt und am Abend gab es bei ihm für die Bahnarbeiter Freibier. ..."

Am 25. Oktober 1901 begann die landespolizei-liche Abnahme der Bahn, welche bis Anfang November beendet war. Die Geraer Straßenbahn eröffnete am 8. November 1901 den Personen-verkehr auf der Verbindungsbahn und verlängerte dadurch die in Lindenthal endende Linie bis zum Meuselwitzer Bahnhof in Pforten.

Die Eröffnung der G. M. W. E. erfolgte am 12. November 1901 unter großer Anteilnahme der Be-völkerung. Dazu berichtete das Geraische Tage-blatt vom 13. November 1901:

„... Die Eröffnung der Gera-Meuselwitz-Wuitzer-Eisenbahn am 12. November 1901. Nach rund 20jährigen Vorarbeiten und ein-jährigem Bau konnte die Gera-Meuselwitz-Wuitzer Eisenbahn Aktiengesellschaft für den 12. November 1901 die Eröffnungsfahrt anbe-raumen. Zu dieser Fahrt, die gestern vormit-tags 9 Uhr 30 Minuten von dem Bahnhofe Gera aus mit sechs Wagen unternommen wur-de, waren zahlreiche Einladungen an die in Betracht kommenden Staats- und kommuna-len Behörden ergangen, denen vollzählig Folge geleistet worden ist. Nach Eintreffen des Erbprinzen Heinrich XXVII. Reuß jüngere Linie nahmen die Teilnehmer an der Eröffnungs-fahrt, die sich aus all den Bundesstaaten, welche die ungefähr 34 km lange Bahn be-rührt, rekrutierten, Platz in den festlich be-kränzten und beschmückten, nett und komfor-tabel in jeder Beziehung eingerichteten Wagen und fort ging es zunächst durch die reußischen Fluren in das Altenburgische, um endlich auf der letzten Strecke noch preußisches Gebiet zu durchfahren.

Auf den meisten Stationen waren z. T. groß-artige Empfangsfeierlichkeiten inszeniert wor-den, woraus zu ersehen war, daß die gesamte Bevölkerung der von der Bahn durchkreuzten Landstriche bis auf wenige Ausnahmen bedeu-tendes Interesse an der Bahn hat und sich von ihr wesentliche Vorteile verspricht. ...“

Um 14.30 Uhr traf der Sonderzug wieder in Gera ein. Die Direktion der Geraer Straßenbahn-AG hatte sich aus Anlaß der Eröffnung der G. M. W. E. etwas Besonderes einfallen lassen. Die Gäste der Sonderfahrt wurden mit einem festlich geschmückten Straßenbahnzug, bestehend aus einer Lokomotive und vier Straßenbahnwagen, vom Bahnhof der Kleinbahn durch die Stadt zum Hotel Frommater befördert. Hier fanden die eigentlichen Einweihungsfeierlichkeiten statt.

*Fahrpreise der Gera-Meuselwitz-Wuitzer Bahn.				
Von	Einfache Fahrkarten.		Rückfahrkarten.	
Gera	II. Kl.	III. Kl.	II. Kl.	III. Kl.
nach	M.	M.	M.	M.
Lemnitz	0,30	0,20	0,40	0,30
Trebnitz	0,50	0,35	0,75	0,50
Zschippach	0,75	0,50	1,10	0,75
Culm	0,80	0,55	1,20	0,80
Söllmnitz	0,95	0,65	1,40	0,95
Wernsdorf	1,05	0,70	1,55	1,05
Pölzig	1,25	0,85	1,85	1,25
Wittgendorf	1,40	0,95	2,10	1,40
Ronna	1,70	1,15	2,55	1,70
Oelsen	2,10	1,40	3,10	2,10
Spora	2,15	1,45	3,20	2,15
Zipsendorf	2,30	1,55	3,45	2,30
Wuitz-Mumsdorf	2,45	1,65	3,65	2,45
Von Wuitz-Mumsdorf nach				
Zipsendorf	0,15	0,10	0,25	0,15
Spora	0,30	0,20	0,45	0,30
Oelsen	0,40	0,25	0,60	0,40
Ronna	0,75	0,50	1,15	0,75
Wittgendorf	1,05	0,70	1,60	1,05
Pölzig	1,20	0,80	1,80	1,20
Wernsdorf	1,45	0,95	2,15	1,45
Söllmnitz	1,60	1,05	2,40	1,60
Culm	1,65	1,10	2,50	1,65
Zschippach	1,75	1,15	2,60	1,75
Trebnitz	1,95	1,30	2,95	1,95
Lemnitz	2,20	1,45	3,30	2,20
Gera	2,45	1,65	3,65	2,45

Bild 2.6. Die Fahrpreise der G.M.W.E. im Jahre 1901. Aus der Geraer Zeitung vom 15. November 1901.
Foto: Sammlung Franz

Die Königliche Generaldirektion der Sächsischen Staatseisenbahn gab am 15. November 1901 be-kannt: „... Am 12. November d. J. ist mit der Be-triebseröffnung der Gera-Meuselwitz-Wuitzer-Ei-senbahn zugleich deren Anschluß an die Sächsi-sche Staatsbahnlinie Zeitz—Altenburg bei dem Haltepunkte Wuitz-Mumsdorf sowie die Inbetrieb-nahme des dortigen Anschluß- und Umladebahn-hofes für Personen- und Güterverkehr erfolgt. Die Verwaltung der als Haltestelle zu bezeichnenden Station Wuitz-Mumsdorf geschieht durch das Per-sonal der Sächsischen Staatseisenbahn, das Dienst für beide Verwaltungen (einschließlich des bisher durch den Zugführer besorgten Fahrkarten-verkaufes) leistet. Die Entfernungen für den Gü-terverkehr mit Wuitz-Mumsdorf für Sendungen von und nach den Verkehrsstellen der Gera-Meu-selwitz-Wuitzer Eisenbahn haben im Nachtrag XII zum Kilometeranzeiger für den Binnenverkehr Aufnahme gefunden. Auf dem Sächsischen Bahnhof in Gera (Reuß) wird der Anschluß an die Gera-Meuselwitz-Wuitzer Schmalspurbahn durch die Geraer Straßenbahn vermittelt. Zwischen Meuselwitz und Spora findet bis auf weiteres eine öffentliche direkte Überführung von Gütern nicht statt. Die Bestimmungen in den inzwischen zur Ausgabe gelangten ‚Nachtrag II zum Teil II des Binnen-Gütertarifes für vollspurige Linien' unter 3 Absatz 1 treten deshalb vorläufig nicht in Kraft. Dresden, den 15. November 1901

Königliche General-Direktion
der Sächsischen Staatseisenbahnen . . ."

Einen Monat nach der Eröffnung der G. M. W. E. wurde am 12. Dezember 1901 die Nebenstrecke Söllmnitz—Reußengrube eröffnet. Die landespolizeiliche Abnahme war hier bereits am 8. Dezember 1901 erfolgt.

2.2. Von der Betriebseröffnung bis zum Besitzerwechsel

Die Existenz der G. M. W. E. hing im folgenden vor allem von der wirtschaftlichen Verfassung der ansässigen Industrie ab. Neben der Brennstoffversorgung der innerhalb von Gera und entlang der Bahnstrecke gelegenen Industriebetriebe waren

die Stadt Gera und die im Einzugsbereich der Schmalspurbahn liegenden Gemeinden mit Hausbrandkohle zu versorgen. Außerdem mußten Produkte der an die Bahn angeschlossenen oder freien Industriebetriebe im Binnen- oder Übergangsverkehr auf die angebundenen Regelspurstrecken gebracht werden.

Nebenaufgaben waren der Transport landwirtschaftlicher Erzeugnisse im Empfang und Versand, die Stückgutbeförderung sowie — in geringerem Maße — die Personenbeförderung im Reise- und Berufsverkehr. In der Zeit unmittelbar nach der Betriebseröffnung waren noch nicht alle baulichen Anlagen fertiggestellt, und der Betriebsmittelpark besaß noch nicht den geplanten Umfang. Besonderes Augenmerk legte man von Anfang an auf die Ausstattung mit Güterwagen. Erwartungsgemäß war das Verkehrsaufkommen im ersten Betriebsjahr schwach. Zum einen mußten sich die Anwohner erst an das neue Verkehrsmittel gewöhnen, zum anderen sollte sich die anliegende Industrie entlang der Bahnstrecke erst mit deren Hilfe im verstärkten Maße entwickeln. Die bedeutendsten Anschlußnehmer im Eröffnungsjahr waren das Leumnitzer Kalkwerk, das Culmer Kalkwerk, die „Reußengrube" bei Cretzschwitz, die Kiesgrube von Vering & Waechter bei Oelsen, das BKW der Grube „Leonhard II" bei Spora und das BKW „Leonhard I" bei Wuitz.

Bild 2.7.
Güterzug der Geraer Straßenbahn im Gera-Sächs. Bahnhof, um 1910.
Foto: Sammlung der Museen der Stadt Gera

Das erste Geschäftsjahr umfaßte nur 140 Tage, nämlich den Zeitraum vom Tag der Betriebseröffnung (12. November 1901) bis zum 31. März 1902, während die anschließenden Geschäftsjahre bis 1924 immer vom 1. April bis zum 31. März des Folgejahres liefen. Erst ab dem 1. Januar 1925 deckte sich dann das Geschäfts- mit dem Kalenderjahr.

Die erste Aufstockung des Grundkapitals um weitere 347 000 Mark sollte — trotz der wider Erwarten geringen Einnahmen aus dem zweiten Geschäftsjahr — durch Beschluß der Bahnaktionäre in der Generalversammlung vom 5. Juni 1902 erfolgen. Vorgesehen war die Beschaffung von Güterwagen und einer weiteren Mallet-Lok sowie die Erweiterung des Bahnhofs Wuitz-Mumsdorf, u. a. durch den Bau einer Hochrampe. Außerdem beabsichtigte die G. M. W. E. den Erwerb der Verbindungsbahn Gera-Reuss—Sächsischer Güterbahnhof von der Geraer Straßenbahn, wofür 125 000 Mark aufzubringen waren. Die für diese Vorhaben benötigten Mittel sollten durch die Ausgabe von 347 Stück Aktien zum Nominalwert von je 1 000 Mark zusammenkommen.

Da die Geraer Straßenbahn dem Eisenbahn-Kommissar in Erfurt jedoch zu verstehen gab, daß sie auf die Erstattung der bereits verauslagten Baukosten vorerst verzichten würde, befürwortete dieser lediglich die Gelder für die Neubeschaffung der Betriebsmittel sowie die Erweiterung der Bahnanlage im Werte von 220 000 Mark. Der für Handel, Gewerbe und Öffentliche Arbeiten zuständige Minister in Berlin genehmigte mit Erlaß vom 7. Oktober 1902 endlich die Heraufsetzung des Aktienkapitals auf insgesamt 2 475 000 Mark. Erst viel später, im Jahre 1911, forderte die Geraer Straßenbahn die Rückerstattung der für die Verbindungsbahn verauslagten Baukosten in Höhe von 92 000 Mark.

Die Aktionäre hatten nicht nur die Mittel zum Bau der erwähnten Hochrampe zum Kalkumschlag von Schmalspur- in Regelspurgüterwagen im Bahnhof Wuitz-Mumsdorf bewilligt, sondern stimmten auch dem Bau eines 170 m langen Rangiergleises im Bahnhof Culm zu. Zur gleichen Zeit erweiterten die Kalkwerke Culm und Leumnitz ihre Anschlußgleise. Und im Haltepunkt Zipsendorf wurde noch 1902 ein 160 m langes Ladegleis für das BKW „Fürst Bismarck" angelegt und in Betrieb genommen.

Die Entwicklung des Güterverkehrs wurde bis zum Jahre 1904 dadurch behindert, daß zwar die Königlich Sächsische Staatseisenbahn — nicht aber die KPEV — Tarifvereinbarungen mit der G. M. W. E. abgeschlossen hatte.

Der Personalbestand gestaltete sich in den verschiedenen Jahrzehnten des Betriebes sehr unterschiedlich. Anfangs stieg er, wenn auch bescheiden, ständig an. Waren 1901 noch insgesamt 49 (ein Betriebsverwalter, zwei Stationsaufseher, vier Stationsassistenten, ein „Stationsdiäter", zwei Stationsanwärter, drei Zugführer, drei Hilfsbremser, ein Bahnmeister, ein Werkmeisteraspirant, fünf Lokomotivführer bzw. geprüfte Heizer, sechs Streckenläufer sowie 20 Werkstatt- und Stationsarbeiter) und ein Jahr später 50 Mitarbeiter beschäftigt, stieg die Zahl 1903 auf 66 an. In den Folgejahren nahm die Belegschaftsstärke noch weiter zu.

Auch der Bestand an Lokomotiven und Güterwagen vergrößerte sich: Bis zum 31. März 1903 sind von der Bahn die erstrebte zusätzliche Mallet-Lok, 23 Kalkdeckelwagen der Gattung Kw 5 t, 15 offene zweiachsige 10-t-Güterwagen, fünf offene vierachsige 10-t-Güterwagen und 22 offene zweiachsige 5-t-Güterwagen in Betrieb eingestellt worden.

Die Generalversammlung der Bahnaktionäre vom 30. September 1903 bewilligte eine Darlehensaufnahme in Höhe von 40 000 Mark bei der Mitteldeutschen Credit-Anstalt zu Berlin. Herr Wittekind — als Mitglied des Aufsichtsrates der G. M. W. E. — konnte der Bahn in seiner Eigenschaft als Direktor dieser Bank günstige Konditionen einräumen. Wofür sollten diese Mittel verwendet werden?

Im Anschlußvertrag zwischen der Königlichen Generaldirektion der Sächsischen Staatseisenbahnen und der G. M. W. E. vom 16. Oktober 1901 und mit dem Nachtrag vom 26. Februar 1903 hatte sich die Schmalspurbahn u. a. zur Errichtung einer Gleis- und Ladeplatzanlage auf dem Gemeinschaftsbahnhof Wuitz-Mumsdorf verpflichtet, nach deren Fertigstellung sich die Staatsbahn bei einer vierprozentigen Verzinsung mit Anlagekapital beteiligte. Die Ausführung der Gleisanlage (dreischienig) und der Ladestraße kostete zusammen 11 000 Mark. Und von den verbliebenen 29 000 Mark des Darlehens wollte die G. M. W. E. zehn Kalkdeckelwagen der Gattung KKw 10 t beschaffen. Obwohl für Mai 1904 vereinbart, lieferte die Waggonfabrik erst im Oktober dieses Jahres und hatte deshalb 3 000 Mark Konventionalstrafe zu zahlen.

Von der Deutschen Eisenbahn-Betriebsgesellschaft (DEBG), einem betrieblichen Zusammenschluß aller von Vering & Waechter gebauten Nebenbahnen, kamen im Zeitraum 1903/1904 eine Reihe von Güterwagen der Gattungen Ow 5 t, OOw 15 t und KKw 10 t. Einige davon wurden 1907 durch Kauf übernommen.

Anfang 1904 bauten Vering & Waechter im Bahnhof Leumnitz auf eigene Rechnung ein Ladegleis. Die „Reußengrube" erweiterte zu dieser Zeit ebenfalls ihre Gleisanlage, und am 16. Juni 1904 nahmen die Culmer Kalkwerke ihre Ladestelle bei Zschippach in Betrieb.

Von April bis Juni 1903 hatten die Bauarbeiter im Raum Gera, in den Monaten Juli, Oktober und November 1905 die Weberei- und Färbereiarbeiter in und um Gera gestreikt, und Ende 1906 folgte der Streik der Bergarbeiter im Meuselwitzer Braunkohlenrevier. Diese Arbeitskämpfe blieben im Hinblick auf die Einnahmen natürlich nicht ohne Auswirkungen für die G. M. W. E.. Die Einnahmeeinbußen wurden in den Folgejahren jedoch wieder ausgeglichen. Als in dieser Zeit auch von G. M. W. E.-Beschäftigten für höhere Löhne gestreikt wurde, reagierte das Privatunternehmen mit Entlassungen im Werkstattbereich.

Bei der Bahnunterhaltung und Betriebsführung muß es jedoch bedenkliche Einsparungen gegeben haben, wie ein Beschwerdebrief aus dem Jahre 1906 vermuten läßt:

„Beschwerde eines Lokomotivheizers der Gera-Meuselwitz-Wuitzer Eisenbahn an den Herrn Königl. Eisenbahn-Kommissar Erfurt.

Gera, den 20. 11. 1906.

Unterzeichneter erlaubt sich,

einige Unregelmäßigkeiten auf der Gera-Wuitzer-Mumsdorfer Eisenbahn anzuführen:

Bei der Maschine Nr. 1 ist die Decke gerissen, wird aber stets noch im Zugdienst verwandt. Wir sind von Wuitz abgefahren und hatten den Kessel und Tender voll Wasser und als wir nach Mumsdorf kamen hatten wir kein Wasser mehr im Tender und auch keines mehr im Glase sichtbar. So sind wir bis Söllmnitz gefahren und haben dort den Kessel gespeist und den Tender ebenfalls, mit diesem Wasser langten wir bis Gera. Ich dachte wenigstens, daß solche Maschinen nicht mehr fahren dürften.

Außerdem hat die Maschine Nr. 4 scharfe Spurkränze, so daß dort die Dicke der Kränze 10 mm beträgt. Diese Maschine ist aber noch in starker Benutzung.

Maschinenwechsel des abends wird ausgeführt. Maschine Nr. 5 hat den Güterzug gebracht. Maschine Nr. 3 hat den Zug 5 gebracht. Maschine

Nr. 4 fährt ohne Lampen aus dem Schuppen, ohne Licht an die Kohlebühne, um Wasser und Kohle zu nehmen, dann werden die Lampen von der Maschine Nr. 3 runtergeholt und auf die Nr. 4 gesteckt und dann geht die wilde Fahrt weiter.

Am 9. November 1906 hatte der Beamtenverein der Gera-Wuitz-Mumsdorfer Eisenbahn Vergnügen zur Vorfeier des Geburtstages Seiner Durchlaucht des Erbprinzen. Am 10. hatten wir Zug 2. Wir fuhren an die Kohlebühne, um Wasser und Kohle zu nehmen. Ein Stationsbeamter war nicht anwesend. Wie wir ziemlich fertig waren, erschien der Zugführer Sch. und schnauzte darum meinen Führer an. Da ging Zugführer Sch. fort, nach einigen Minuten kam er wieder, schnauzte noch mal. Da mahnte ihn mein Führer, er sollte nicht zu weit gehen mit seinen Redensarten, worauf er meinen Führer am Kragen packte und hinwerfen wollte, was ihm aber nicht gelang. Da ist mein Führer hinter ihm her gegangen und hat ihm ein paar verreicht, dann sind wir abgefahren. Drüben in Mumsdorf hat der Zugführer Sch. zugegeben, daß er nicht gewußt habe, wie das gekommen sei. Dazu kann ich nach meinem Gutachten nur sagen, daß der Mann sinnlos betrunken gewesen ist oder geistesabwesend. Ob solche Leute fahren dürfen, weiß ich nicht.

Auf offener Strecke, kurz vor Zschippach, liegt eine Weiche nach dem Kalksteinbruch. Da denkt man, es schlägt einem die Rippen ein. Ebenfalls in Kayna und in Wuitz an den Weichen kann, seit die Bahn besteht, noch nichts gemacht worden sein.

Im Übernachtungslokal in Wuitz steht ein eiserner Ofen, von oben zu füllen. Die ganzen Gase, die sich von den Kohlebriketts im Ofen entwickeln, ziehen alle ins Zimmer, so daß das Zimmer ganz schwarz aussieht und der Gesundheit schädlich ist. Das Zimmer ist nicht im Bahnhof, sondern hinten im Lokomotivschuppen, wo sich schon so viele Gase bilden.

Bitte um Besichtigung dieser Zustände, sonst muß ich mich noch höher wenden.

gez. F. Dollsack, Lokomotivheizer"

Die Berliner Direktion konterte schnell: „Antwort der Direktion der G. M. W. E. an den Eisenbahn-Kommissar in Erfurt betreffs der Beschwerde eines Lokheizers dieser Bahn. Berlin S. W. 11

Urschriftlich dem Königlichen Eisenbahn-Kommissar, Herrn Präsidenten der Königlichen Eisenbahn-Direktion Erfurt mit nachstehendem Bericht zurückgereicht.

Die anliegende Anzeige charakterisierte sich als ein Racheakt. Der Denunciant wurde wegen renitenten Betragens gegen seinen Vorgesetzten in eine Ordnungsstrafe genommen, weshalb er seine Stellung ohne Kündigung verließ.

Zur Sache berichten wir, daß die Maschine 1 zwar einen Riß in der Rohrwand hat; derselbe ist aber verbohrt und kann die Maschine unbedenklich zur Reserve und Aushilfe verwendet werden. Nach Fertigstellung der in Hauptreparatur befindlichen Maschine 2 erhält dieselbe eine neue Rohrwand. Die Spurkränze der Maschine 4 zeigen keine das zulässige Maß überschreitende Abnutzung.

Ein Wechsel der Lokomotivlaternen mußte in einem Falle vorgenommen werden, weil sich 2 derselben in Reparatur befanden. Die Behauptung, daß die Maschine ohne Beleuchtung gefahren sei, ist unzutreffend.

Sämtliche Weichen werden täglich revidiert, dauernd ordnungsgemäß unterhalten und befinden sich in durchaus betriebssicherem Zustande.

Das Übernachtungslokal in Wuitz befindet sich in guter Verfassung und ist erst vor wenigen Wochen wieder in Stand gesetzt worden.

Richtig ist es, daß der Zugführer Sch. mit dem Lokomotivführer G. am 10. November cr. vor der Abfahrt des Zuges 2 auf dem Bahnhof Gera in Streit geraten war, der in Tätlichkeiten ausgeartet ist. Trunkenheit konnte bei beiden nicht konstatiert werden. Beide wurden in empfindliche Ordnungsstrafen genommen. Unrichtig ist dagegen die Angabe, daß kein Stationsbeamter anwesend war.

> Berlin, den 5. Dezember 1906
> Gera-Meuselwitz-Wuitzer
> Eisenbahn-Aktiengesellschaft
> Die Direktion"

Die Generalversammlung der Bahnaktionäre vom 28. September 1907 beschloß die nochmalige Aufnahme eines Darlehens in Höhe von 75 000 Mark. Von diesem Beitrag sollten eine weitere Mallet-Lok und elf Güterwagen beschafft werden. Die Lokomotive wurde noch im gleichen Jahre geliefert. Entgegen der ursprünglichen Planung gingen jedoch nur sechs Güterwagen (Gattung 00 15 t) in Betrieb. Lok und Wagen kosteten zusammen 60 800 Mark. Für 13 000 Mark wurden von Vering & Waechter einige der schon erwähnten Leih- und Erprobungswagen übernommen.

Ebenfalls 1907 wurde die Anschlußstelle an der Oelsener Kiesgrube der Firma Vering & Waechter, inzwischen an den Baumeister Buchmann zu Kayna verpachtet, geschlossen und im Oktober 1907 abgebrochen. Vorher aber hatten Vering & Waechter eine neue Ladestelle weiter südlich bei Kayna gebaut und am 1. Juli 1907 für den Güterverkehr eröffnet. Ab 17. Juli 1908 wurde die Betriebsstelle als „Bedarfs-Haltestelle" unter der Bezeichnung „Kaynaer Quarzwerke" für den Personen-Berufsverkehr in Betrieb genommen. Die Kiesproduktion in diesem Betrieb entwickelte sich in den darauffolgenden Jahren so stark, daß die Anlagen im Werksgelände mehrmals erweitert werden mußten.

Zu Anfang des Jahres 1911 unternahm die G. M. W. E. die ersten Versuche zur Transportrationalisierung im Güterverkehr durch den Rollwageneinsatz zwischen Gera Sächs. Güterbahnhof und der „Reußengrube" bei Cretzschwitz. Dafür stellte die DEBG von ihrer Nebenbahn Mondorf—

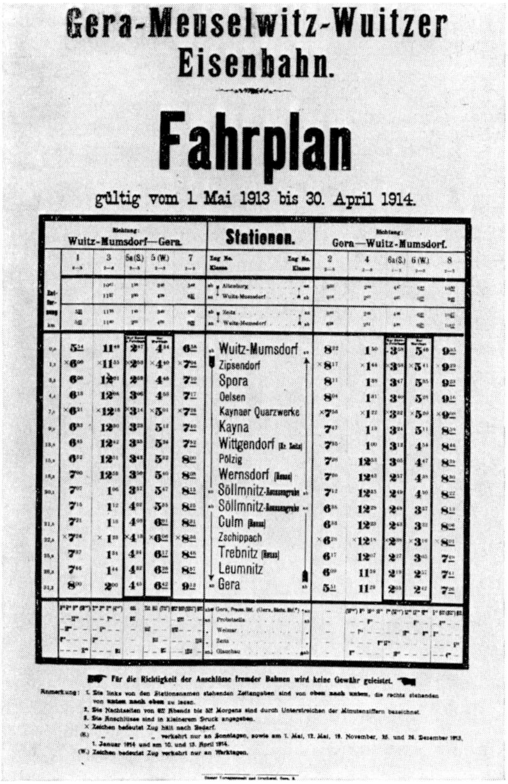

Bild 2.8. Der Jahresfahrplan der G.M.W.E. von 1913/1914.
Foto: Sammlung Franz

Dietenhofen einen Rollwagen zur Verfügung. Die Beschaffung von Serienfahrzeugen dieser Bauart erfolgte jedoch erst 18 Jahre später. Eine weitere Veränderung: Die Gera-Culmer Kalkwerke errichteten im Jahre 1912 bei Zschippach eine neue Kalkofen-Anlage und nahmen diese am 2. Juli in Betrieb.

Die Generalversammlung der Bahnaktionäre vom 24. September 1912 hatte eine Aufstockung des Aktienkapitals um 275 000 Mark beschlossen. Der Löwenanteil von über 200 000 Mark diente der Schuldenbegleichung: 92 000 Mark waren zur Tilgung des Darlehens bei der Mitteldeutschen Credit-Anstalt zu zahlen, mit dem am 30. Juni 1911 der finanziellen Forderung der Geraer Straßenbahn von 1911 entsprochen werden mußte. Und 113 000 Mark standen für weitere Verbindlichkeiten offen, so z. B. für sechs im Jahre 1913 gelieferte KK 15 t, die mit 27 000 Mark zu Buche schlugen.

Weiterhin sollten 69 200 Mark für die Beschaffung neuer Kalkdeckelwagen der Gattung KK 15 t, für die Erweiterung der Werkstatt in Gera, für den Bau von Abortanlagen auf den Haltestellen Culm und Trebnitz sowie für andere kleinere Ergänzungen der Bahnanlage verwendet werden.

Vertreten durch einen Kanzleisekretär erteilte Kaiser Wilhelm II. am 22. Januar 1913 die „Allerhöchste Genehmigung" zur Vergrößerung des G. M. W. E.-Grundkapitals auf 2,75 Millionen Mark. Der Nominalwert des Aktienkapitals der Bahn blieb bis zum Jahre 1919 bestehen, danach fielen die Aktien inflationsbedingt rapide im Wert. Bei der „Erstellung der Goldmark-Bilanzen" vom 1. Januar 1924 wurde das Grundkapital auf 2 Millionen Goldmark (ab 1925 2 Millionen Reichsmark) neu festgesetzt. Dieser Wert blieb übrigens als Basisbetrag in statistischen Erhebungen bis zur Enteignung der Bahn im Jahre 1947 bestehen.

Während des Ersten Weltkriegs gab es anfangs überaus starke Einbußen im Verkehrsaufkommen. Trotzdem konnte die G. M. W. E. im Geschäftsjahr 1914/1915 die auf der vorgenannten Generalversammlung beschlossenen Vorhaben verwirklichen. Aber: Während der Dauer der Mobilmachung und in den ersten Kriegsmonaten, als der gesamte Staatsbahn-Güterverkehr ruhte, war der Brikettversand über die G. M. W. E. nach Gera so stark wie nie zuvor. Die anliegende Industrie wurde während dieser Zeit ausschließlich über die Schmalspurbahn mit den notwendigen Brennstoffen versorgt. Hinzu kamen bis in den Monat Dezember 1914 hinein die gute Rübenernte und die Getreideverfrachtung für die Militärbehörden.

Im ersten Kriegsjahr 1914/1915 wurden 18 Bedienstete der G. M. W. E. zum Militärdienst eingezogen und durch Kriegsgefangene ersetzt. Die Familien der Einberufenen erhielten übrigens rund

Bild 2.9.
Das Empfangsgebäude
Gera-Reuss um 1919,
davor Lok 4 und
Wagen 2.
Foto: Sammlung Franz

4 000 Mark Unterstützungsgelder. Im folgenden Kriegsjahr standen bereits 26 Bedienstete „im Feld"; die Bahnkasse zahlte 8 200 Mark an die Familien. Und 1916/1917 stieg die Zahl der Einberufenen auf 35 Männer. Zum ersten Mal mußten auch Frauen als Ersatzkräfte eingestellt werden. 1915/1916, im 15. Betriebsjahr der G. M. W. E., war das Betriebspersonal auf 46 Beschäftigte reduziert worden und bestand aus „einem Bahnverwalter, zwei Stationsaufsehern, einem Stationswärter, einem exp. Weichensteller, einem Bureaugehilfen, zwei Bahnagenten, einem Zugführer, zwei Schaffnern, drei Hilfsbremsern, einem Bahnmeister, einem Werkmeister, drei Lokführern bzw. gepr. Heizern 1. Kl., vier Hilfsheizern, zwei Streckenläufern (Hilfsbahnwärtern), zwölf Werkstatt- und Stationsarbeitern und neun Streckenarbeitern einschließlich einem Vorarbeiter und Umladearbeitern".

Auch in anderer Hinsicht ging der Krieg nicht spurlos vorüber: Im Rahmen des Kriegsleistungsgesetzes mußte die G. M. W. E. im Jahre 1915 neben anderen Fahrzeugen auch eine Mallet-Lokomotive an die Militärverwaltung geben. Als Ersatz kam für die Zeit von 1916 bis 1919 eine Leihlok von der DEBG auf die Strecke.

Die Zeit nach dem Ersten Weltkrieg brachte auch auf dem Personalsektor neue Töne: Die Beamten der G. M. W. E. forderten im Jahre 1919 ihre Entlohnung im Rahmen der Besoldungsvorschriften für die Preußische Staatsbahn. Bisher hatten sie, wegen „geringerer Qualifikation", geringere Gehälter als die Kollegen der Staatsbahn erhalten. Dieses Ansinnen wurde vom Aufsichtsrat der G. M. W. E. jedoch kategorisch abgelehnt. Allerdings kam man nicht umhin, den Werkstätten- und Umladearbeitern den 8-Stunden-Arbeitstag zuzugestehen, wie dies in jener Zeit bald zur Regel wurde. Die Festlegung trat am 1. April 1919, zusammen mit der Regelung über die Arbeitszeitverkürzung der im Betriebsdienst stehenden Beamten um eine Stunde, in Kraft. Nach Angaben der Direktion entstanden der Bahn hierdurch natürlich erhebliche Mehrausgaben, u. a. bedingt durch die vergrößerten Personalvertretungen.

Nach Ende des Ersten Weltkrieges brachte die Reaktivierung des Heeres Probleme mit sich, nicht nur für die G. M. W. E., sondern für die ganze Region um Gera. Zur Beschäftigung der heimkehrenden Soldaten wurde hier ein Programm von Notstandsarbeiten aufgestellt. Im Einzugsgebiet der Schmalspurbahn sollte 1919 eine Landstraße durch das Brahmetal gebaut werden. Die G. M. W. E. hatte dafür Baumaterial zu transportieren. An zwei Stellen der Strecke, bei Trebnitz und bei Culm, wurde nacheinander je ein provisorisches Ladegleis von etwa 60 m Nutzlänge errichtet, von dem aus eine Feldbahn zur Straßenbaustelle führte. Bei Culm überquerte die Feldbahn mittels einer mobilen Kreuzung die Strecke der G. M. W. E., um so zu einem Steinbruch zu gelangen. Die Ladestelle bei Trebnitz wurde im April und die bei Culm im Oktober 1920 abgebaut, als die Arbeiten an der Brahmetalstraße abgeschlossen waren.

Ende 1919 zeichnete sich für die Bahn eine wenig erfreuliche wirtschaftliche Entwicklung ab, die der G. M. W. E.-Aufsichtsratsvorsitzende Wittekind bereits im Jahre 1918 kommen sah. Wegen der beginnenden Geldentwertung zog er als erster sein Kapital aus dem Unternehmen zurück, indem er seine Aktienanteile an die anderen Hauptaktionäre verkaufte. Im 20. Geschäftsbericht heißt es andeutungsweise zu diesen Vorgängen: „. . . Von der Firma Vering & Waechter, Berlin, die den Bau unserer Nebenbahn ausgeführt hat, wurden die einzelnen Trennstücke an der Strecke, welche zum eigentlichen Ausbau der Bahn nicht absolut notwendig waren, erworben, ebenso ein Anschlußgleis im Bf Gera-Pforten (vor 1919 Gera-Reuss—d. V.) für die Kaynaer Quarzwerke GmbH in Gera . . .".

Im Aufsichtsrat der G. M. W. E. verblieben im Jahre 1918: der Bankdirektor Mommsen (Stellv. Vorsitzender), Baudirektor Ausborn und Dr. Max Waechter. Zum Nachfolger des ausgeschiedenen Vorstandes A. G. Wittekind ernannte man Bankdirektor Zeyss.

Die Anzeichen einer vermehrten Geldentwertung wurden schon dadurch sichtbar, daß am 1. April 1919 die Staatsbahn ihre Personen- und Gütertarife um 60 Prozent anhob. Die G. M. W. E. zog selbstverständlich nach. Vering & Waechter hofften darauf, daß ihre Strecke von der Sächsischen Staatsbahn übernommen werde würde. Der Zustand war wegen der kriegsbedingten Vernachlässigung der Bahnunterhaltung jedoch äußerst schlecht, und die Landesregierung lehnte die Übernahme deshalb ab.

Da die Einnahmen die Betriebsausgaben nicht deckten, erhöhte die G. M. W. E. ihre Fahrpreise und Umladegebühren im Juli 1919 noch um weitere 20 Prozent. Zum 1. Januar 1920 tat die Staatsbahn in dieser Sache wiederum einen Schritt weiter und verteuerte ihre Tarife um nochmals 50 Prozent. Die G. M. W. E. zog nach. Eine Verdoppelung aller Preise und Tarife bei Staatsbahn und G. M. W. E. am 1. März 1920 ergab gegenüber dem 1. April 1919 einen Anstieg der Beförderungskosten von insgesamt 260 Prozent bei der Privat- und 240 Prozent bei der Staatsbahn!

Im April 1919 mußte die Bahn infolge des Streiks der Ruhrbergwerker — damit blieben die Brennstofflieferungen aus — für 18 Tage den Verkehr einschränken. Personenverkehr gab es vorerst gar nicht mehr. Die inflationäre Entwicklung nahm zu dieser Zeit immer größere Ausmaße an. Die Betriebsleitung drohte mit der Einstellung des Betriebes, sofern die Bahn keine finanziellen Zuschüsse von außen erhalten würde.

Die Inhaber der an der Bahnstrecke befindlichen Industriebetriebe wußten natürlich um die Bedeutung der Bahn für ihre Unternehmen. Nachdem alle Versuche der betriebsführenden Firma gescheitert waren, die finanziellen Probleme zu lösen, bildete sich wegen des drohenden Konkurses der G. M. W. E. ein Konsortium von Geraer Industriellen und Finanzleuten, die mit der Eigentümerin wegen der Übernahme der Bahn verhandelten.

Die Gründung des Interessenverbandes erfolgte am 16. Februar 1920 unter Federführung von Hans Wilhelm Behrens, Inhaber der Mitteldeutschen Kohlenhandels-Gesellschaft in Gera und Mitinhaber der Fa. Louis Hirsch (Webereien, Färbereien in und um Gera, Braunkohlengruben bei Zipsendorf und Wuitz). Weitere Mitglieder des Konsortiums waren: Baumeister Buchmann von der Kaynaer Quarzwerke GmbH, Direktor Dauberschmitt von der Geraer Elektrizitäts- und Straßenbahn-AG, Direktor Funke vom Halleschen Bankverein, Direktor Seidel vom Thüringer Kalksyndikat und Direktor Gromotka von der Reußengrube GmbH. Auf der Gegenseite der Verhandlungsparteien standen Bankdirektor Zeyss von der Mitteldeutschen Credit-Anstalt und Baurat Dr. Max Waechter von der Firma Vering & Waechter.

Die erste Verhandlungsrunde in Berlin erbrachte zwischen den Parteien keine Einigung hinsichtlich der Ablösesumme. Ein Gutachten über den Zeitwert der G. M. W. E. wies aus, daß zur Tilgung der schwebenden Schulden sowie zur Sanierung der Bahn ein unverzinsliches Darlehen in Höhe von mindestens 500 000 Mark notwendig gewesen wäre. Zu jener Zeit war jedoch keine Bank bereit, ein derartiges Darlehen zu gewähren. Um die Gera-Meuselwitz-Wuitzer Eisenbahn zu retten, wandte sich Behrens — erfolglos — an die Regierungen Thüringens und Reussens mit dem Antrag

auf Gewährung eines unverzinslichen Darlehens von 150 000 Mark: Bis zum Mai 1920 trafen die Ablehnungsbescheide beider Regierungen ein.

Bis September 1920 überstiegen die Betriebsausgaben die Einnahmen bereits um 30 160 Mark. Außerdem hatte die Bahn Schulden bei der Kohlehandels-Gesellschaft „Glückauf" Cassel in Höhe von 205 000 Mark, worauf diese die Kohlebelieferung einstellte. Nun reichten die Kohlevorräte noch höchstens für 14 Tage. Am 11. Oktober 1920 wurden deshalb der Personenverkehr und wenig später die Güterbeförderung eingestellt.

In dieser Situation beantragte Behrens bei der Stadt Gera einen Zuschuß in Höhe von 500 000 Mark. Und der Betriebsrat der G. M. W. E. — den es seit 1920 im Aufsichtsrat gab — wandte sich am 28. September 1920 mit dem Hinweis auf die bedrohten Arbeitsplätze an die Ratsversammlung. Doch die Sitzungen brachten kein positives Ergebnis. Auch die Stadtkasse war leer.

Zum Erwerb der Aktien von der Firma Vering & Waechter zum Kurswert von 40 Prozent waren im Oktober 1920 rund 700 000 Mark erforderlich. Hinzu kamen noch weitere 600 000 Mark für notwendige Instandsetzungen an der Bahnanlage und an den Betriebsmitteln.

Im Zusammenhang mit den Versuchen zur Kapitalbeschaffung tauchten zu dieser Zeit „Umspurungs- und Elektrifizierungs-Gerüchte" auf, wahrscheinlich, um Geldgeber anzulocken. Umgespurt werden sollte auf Regelspur. Den Strom für die elektrifizierte Strecke wollte man einem noch zu bauenden Wasserkraftwerk entnehmen. Wo dessen Standort sein sollte, wurde nicht bekannt . . .

Die Regionalpresse widmete den Vorgängen bei der G. M. W. E. breiten Raum, denn das Interesse am Schicksal der Bahn war groß. Nachdem seitens des Konsortiums alle Bemühungen zur Beschaffung finanzieller Mittel aus staatlichen Fonds gescheitert waren, brachten die Herren Behrens und Hirsch das notwendige Übernahmekapital dadurch auf, daß sie ihre an das Deutsche Reich gerichteten Ansprüche in Gestalt der zwischen 1914 und 1918 gezeichneten Kriegsanleihen zum halben Wert an die Mitteldeutsche Credit-Anstalt verpfändeten.

Am 28. Dezember 1920, kurz vor der drohenden Konkurseröffnung, gingen die Aktien zu je 50 Prozent in den Besitz dieser beiden Industriellen über. Die zuvor von der Firma Vering & Waechter zum 31. Dezember 1920 ausgesprochene Kündigung aller Arbeiter und Angestellten wurde kurz vor Inkrafttreten zurückgezogen.

2.3. Von 1921 bis zum Ende des Zweiten Weltkriegs

Vom 1. Januar 1921 an lag die Führung der Gera-Meuselwitz-Wuitzer Eisenbahn in den Händen des Geraer Konsortiums, das sich aus folgenden zwei Unternehmen zusammensetzte:

1. Mitteldeutsche Kohlenhandels-Gesellschaft in Gera, Inhaber Dr. phil. h. c. Georg Hirsch, Kommerzienrat in Gera, sowie sein Compagnion Hans Wilhelm Behrens, Kaufmann in Gera und zum Vorsitzenden des Aufsichtsrates der G. M. W. E. bestimmt,

2. Gera-Leumnitzer Kalkwerke in Gera-Leumnitz, vertreten durch Ober-Ing. E. B. Young aus Gera und zum stellvertretenden Vorsitzenden des Aufsichtsrates der G. M. W. E. gewählt.

Gleichzeitig wurde am 1. Januar 1921 der Sitz der Obersten Betriebsleitung von Berlin in das Bahnhofsgebäude Gera-Pforten, Meuselwitzer Str. 46, verlegt. Von nun an fanden auch die Generalversammlungen der Aktionäre in Gera statt. Nachfolger des bisherigen Obersten Betriebsleiters und Aufsichtsratsmitgliedes Ernst Quandt wurde Dipl.-Ing. Johannes Hackbarth aus Gera-Reuss. Neu in der Besetzung des Vorstandes war die Aufnahme eines zweiten Mitgliedes mit kaufmännischer Vorbildung — Max Rasche, Kaufmann in Gera. Er schied jedoch bereits am 24. März 1924 wieder aus. Dipl.-Ing. Hackbarth leitete den Betrieb bis zum Jahre 1947.

Mit der Übernahme der Bahn durch das Konsortium waren die wirtschaftlichen Schwierigkeiten aber noch nicht beseitigt. Zuallererst mußte ein leistungsfähiger Lokomotiv- und Wagenbestand beschafft werden. Das Konsortium hatte Ende 1920 bereits eine Mallet-Lokomotive der Firma A. Borsig erworben, die noch von Vering & Waechter in Auftrag gegeben worden war, aber nicht bezahlt werden konnte. Vom 1. Januar 1921 an vermietete das Konsortium die Lok an die G. M. W. E.

Bei derselben Lokomotivbaufirma waren im Herbst 1921 zwei Heißdampfloks in Auftrag gegeben worden, die zwar im Mai 1922 geliefert werden sollten, jedoch erst im September eintrafen. Auch diese beiden Maschinen zusammen mit 50 neubeschafften Güterwagen der verschiedensten Gattungen, vermietete das Konsortium an die Bahn. Im Zuge der Durcharbeitung der Betriebsmittel wurde in Gera-Pforten eine neue Werkstatt gebaut, die ab April 1923 genutzt werden konnte. In dieser Zeit waren der G. M. W. E. vom Erfurter Eisenbahn-Kommissar gewisse Kilometerzuschläge im Personen- und Güterverkehr genehmigt worden, um die Bahn finanziell zu festigen. Der Verfall der Währung trieb die Fahrpreise und Gütertarife jedoch immer weiter in die Höhe.

Der Verkaufsverein Sächsisch-Thüringischer Kalkwerke sowie die „Reußengrube" protestierten daraufhin mehrfach beim Reichswirtschaftsminister wegen der anhaltenden Heraufsetzung der Frachtgebühren durch die G. M. W. E. Unter Teilnahme eines Vertreters des Reichsverkehrsministeriums kam es deshalb am 24. November 1922 zwischen den streitenden Parteien zu einem Schlichtungsversuch in Gera, der jedoch zu keinem Nachgeben der G. M. W. E. in dieser Sache führte. Die Vertreter der Industrie wiesen der Bahn nach, daß sie zu diesem Zeitpunkt 135 Prozent über den aktuellen Tarifen der Staatsbahn lag und täglich einen Gewinn von etwa 2 Millionen Mark auf Kosten der Industrie machte.

Doch der Betrieb war wirklich unrentabel: Am 13. April 1923 stellte die Direktion der G. M. W. E. deshalb beim Erfurter Eisenbahn-Kommissar einen Antrag auf völlige Betriebseinstellung zum 16. April 1923. Der Kommissar lehnte diesen Antrag mit Hinweis auf die Betriebspflicht der Bahn ab und bot als Kompromiß einen Betrieb mit gemischten Zügen an, die nur noch zwei- bis dreimal pro Woche verkehren sollten. Bis August 1923 fuhr die Bahn dann mit diesen stark reduzierten Zugeinsätzen.

Aber es half nichts: In einem neuerlichen Schreiben an den Eisenbahn-Kommissar für Privatbahn-Aufsicht in Erfurt teilte die Betriebsleitung der Bahn mit, daß sie inzwischen täglich über 2 Millionen Mark Verlust erleide, eine Zahlungsunfähigkeit drohe und die anliegende Industrie am Boden liege. Tarifmäßige Beurlaubungen und Arbeitsstreckung seien eingeführt und Entlassungen vorbereitet worden.

Zwischen Mai und August 1923 verkehrten nun wöchentlich nur noch drei Zugpaare. Ab September ruhte der Personenverkehr ganz, lediglich in Bedarfsgüterzügen bestand für Reisende eine Mitfahrgelegenheit. Mehrere anliegende Gemeinden entlang der Strecke führten deshalb Beschwerde wegen Verletzung der Betriebspflicht durch die G. M. W. E. bei der Geraer Handelskammer. Die Bahn wies alle Anschuldigungen mit dem Hinweis auf ihre finanzielle Situation zurück und bemerkte, daß die Gemeinden froh sein könnten, daß die Bahn überhaupt noch führe.

Der Höhepunkt der Inflation war im November

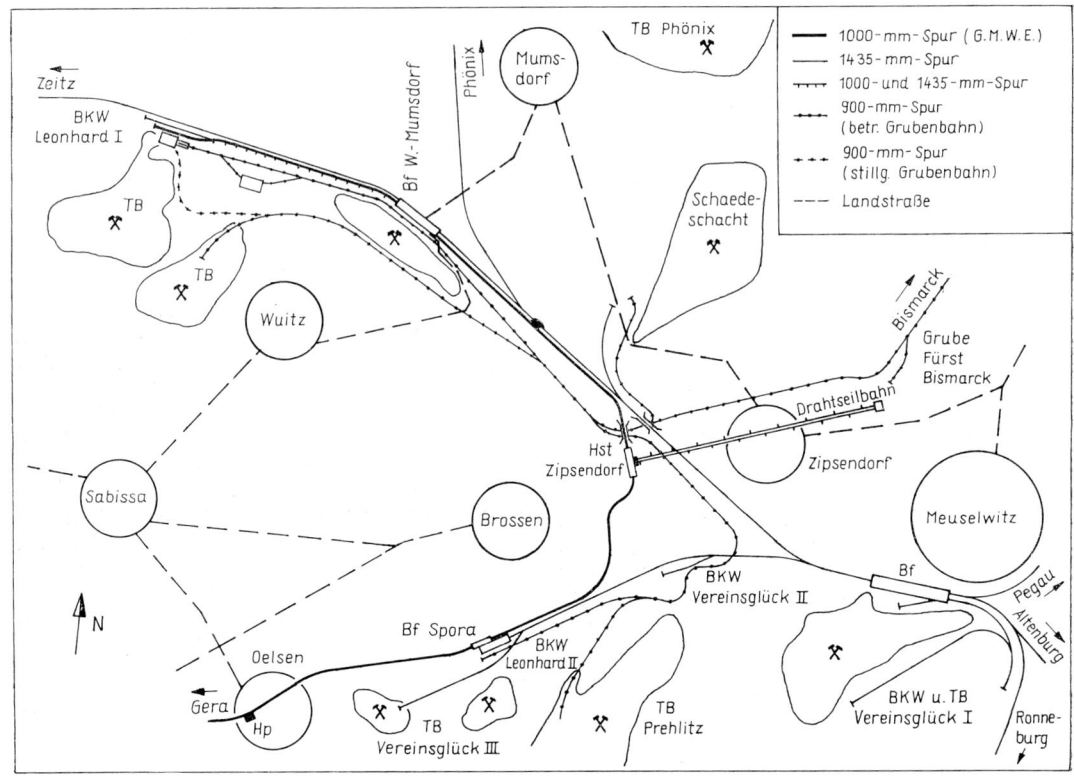

Bild 2.10. Bahnverbindungen im Raum Meuselwitz um 1925.
Zeichnung: Taege nach Rbd-Archiv Erfurt

1923 erreicht. Einen Monat später konnte die G. M. W. E. ein sehr gutes Geschäft machen: Die vom Konsortium vermieteten Lokomotiven und Wagen wurden der Bahn zum Beschaffungspreis von 1921/1922 (202 133 Mark) übereignet.
Doch auch die Einführung der „Goldmark" am 1. Januar 1924, Symbol der Beendigung der Inflationszeit, stoppte den wirtschaftlichen Niedergang der Bahn nicht sofort. Die flaue Auftragslage bei der Industrie im Einzugsbereich der Schmalspurbahn wirkte sich äußerst negativ auf die Betriebsergebnisse der G. M. W. E. aus.
Im Sommer 1924 ordnete die Stadt Gera die Umpflasterung der Meuselwitzer Straße (ehemals Pfortener Oststraße) an. Die Bahn nahm bei dieser Gelegenheit eines der beiden Gleise ihrer

Verbindungsbahn, ausgehend vom Bahnhof Gera-Pforten bis in Höhe des Wintergartens heraus, um in der Folgezeit Unterhaltungskosten zu sparen. Der Verkehr auf diesen Gleisen war ohnehin nur gering . . .
Doch die Anlieger und Nutzer der Bahn wehrten sich gegen die Brachialmethoden der Aktiengesellschaft. Am 10. Dezember 1924 fand eine Gerichtsverhandlung vor dem Landgericht in Gera statt, bei der die „Reußengrube" wegen überhöhter Frachtsätze als Kläger gegen die G. M. W. E. auftrat. Der Kläger bekam Recht! Zum 1. Dezember 1925 verlor die Schmalspurbahn infolge ihrer überzogenen Tarifgestaltung und sehr schlechten Zustands der dortigen Schmalspurgleisanlagen die Anschlußbedienung des BKW „Leonhard I" in Wuitz-Mumsdorf an die RBD Dresden. Obwohl die Direktion der G. M. W. E. daraufhin dem BKW die gleichen Gütertarife wie die DRG anbot und der Erfurter Eisenbahn-Kommissar an die RBD Dresden herantrat, um auf die schwerwiegenden

Auswirkungen für die G. M. W. E. aufmerksam zu machen, blieb es bei dieser Neuregelung. Der Brikettversand erfolgte seitdem über das dreischienige Anschlußgleis in Regelspur-Güterwagen. Erst 1935 brachte ein Übereinkommen zwischen dem BKW und der G. M. W. E. eine Rücknahme der 1925er Entscheidung.

Anfang des Jahres 1925 hatte die Leonhard-Werke AG in Zipsendorf mit dem Bau einer Großraum-Förderbahn zwischen ihren Gruben „Leonhard I"

und „Fürst Bismarck" begonnen, da die Gruben von „Leonhard II" bei Spora erschöpft waren und das zugehörige BKW über die neu anzulegende Grubenbahnstrecke mit Rohkohle versorgt werden sollte. Beim Bau der Förderbahn wurden die G. M. W. E. innerhalb des Haltepunkts Zipsendorf (bei km 29,6), die Regelspurbahn Zeitz-Meuselwitz—Altenburg (bei km 10,6), die regelspurige Anschlußbahn Meuselwitz—Spora (bei km 1,4) und die Chaussee Zeitz—Zipsendorf von den

Bild 2.11.
Das Gebäude der ehemaligen Bahnwerkstatt im Bahnhof Gera-Pforten, 1970.
Foto: Heinrich

Bild 2.12.
Blick ins Innere der Bahnwerkstatt um 1935. Links abgestellt der Schienenbus, daneben die Lok 1^{II}.
Foto: Sammlung Franz

900-mm-Gleisen unterquert. Die Grubenbahn ging am 10. Januar 1926 in Betrieb. Damit fiel die Ladestelle Zipsendorf weg, und das bedeutete für die G. M. W. E. den Verlust einer weiteren Einnahmequelle. Allerdings erhielt die Bahn ab 1926 eine jährliche Abfindungssumme von 1 000 Mark von den Leonhard-Werken. Darin eingeschlossen waren die Gestattungsgebühren für die Unterquerung der G. M. W. E.-Bahnanlage. Damit nicht genug: Zum Bau der Grubenbahntrasse stellte die G. M. W. E. von April bis Mai 1925 eine Lokomotive, Wagen und Personal zur Verfügung und bekam dafür 17 956 Mark überwiesen.

Erwähnt sei noch, daß sich die Gruben „Fürst Bismarck" sowie „Leonhard I" und „Leonhard II" bis zum Jahre 1946 im Besitz der Großindustriellen-Familie Hirsch befanden. Die Gruben „Phönix AG" bei Mumsdorf sowie „Vereinsglück I" bis „Vereinsglück III" bei Meuselwitz und Spora gehörten zu anderen Unternehmen.

Im Jahre 1926 feierte die G. M. W. E. ihr 25jähriges Betriebsjubiläum. Aus diesem Anlaß erhielten 14 Beamte und Arbeiter, die seit dem Jahre 1901 bei der Bahn Dienst taten, Anerkennungsprämien in Höhe von je 100 Mark sowie eine Ehrengedenkmünze in Bronze.

Bis zu diesem Zeitpunkt waren die kriegsbedingten Schäden am Oberbau und rollendem Material weitgehend beseitigt. Die Ladestraßen in Gera-Pforten, Gera-Leumnitz (bis 1919 als „Leumnitz" bezeichnet), Pölzig, Kayna und Wuitz-Mumsdorf wurden im Jahre 1926 neu beschottert. Die maschinelle Ausstattung der erneuerten Bahnwerkstatt in Gera-Pforten konnte ebenfalls erweitert werden. In den Jahren 1924 und 1925 wurden zwei Dampflokomotiven abgestellt und bis 1926 verschrottet.

Die Wirtschaft belebte sich nach 1927 wieder, und der Betrieb auf der G. M. W. E. nahm zu. Diese Entwicklung war Anlaß dafür, daß sich die Direktion der Bahn Gedanken über eine Rationalisierung des Güterumschlages im Bahnhof Gera-Süd machte. Die dortigen Umladearbeiten erhöhten zwangsläufig die Beförderungsgebühren auf der

Bild 2.13 G.M.W.E.-Lok 7 mit Güterzug im Bahnhof Gera-Pforten, Mai 1927.   *Foto: Wachsmuth*

Bild 2.14
Fahrplan für den Schienenbusverkehr. Aus der Geraer Zeitung vom 20. April 1929.
Foto: Sammlung Franz

Gera-Meuselwitz-Wuitzer Eisenbahn
Triebwagen-Verkehr Gera—Pölzig
ab Sonnabend, den 20. April.

Werktags:	ab Gera:	900 und 1900	
	an Pölzig:	945 und 1945	
	ab Pölzig:	1000 und 2000	
	an Gera:	1045 und 2045	
Sonn- und Festtags:	ab Gera:	900 1400	1900
	an Pölzig:	945 1445	1945
	ab Pölzig:	1000 1745	2000
	an Gera:	1045 1830	2045

Nähere Auskunft durch die Stationen und durch Aushang.
Um 15. Mai neuer Sommerfahrplan.   J15343

G. M. W. E. Auf der Generalversammlung der Bahnaktionäre von 1927 wurde deshalb die Einführung des Rollwagenverkehrs auf der Grundlage der Versuche von 1911/1912 beschlossen und zu diesem Zweck die Beschaffung von Rollwagen bewilligt. Diese kamen 1928 zur Bahn, konnten aber noch nicht eingesetzt werden, da weder die Aufrollgruben in Gera-Süd fertig, noch die Bremsen bei den anderen Fahrzeugen durchgehend umgerüstet waren.

Erst ab 1929 konnte dann der Einsatz in Regelzügen erfolgen. Die beladenen Rollwagen liefen jedoch nur bis Culm, das übrigens im Rahmen der Germanisierung von Ortsnamen 1936 in „Brahmenau" umbenannt wurde. Die „Reußengrube",

Bild 2.15 Begegnung von Schienenbus und Lokomotive 7 im Bahnhof Kayna, um 1930.   *Foto: Sammlung Franz*

die ursprünglich auch angefahren werden sollte, versandte seit der gerichtlichen Auseinandersetzung mit der G. M. W. E. ihre Erzeugnisse verstärkt mit Straßenfahrzeugen.

Aber nicht nur den Güterverkehr hatte die Bahn zu dieser Zeit rationalisiert. Für den Personenverkehr beschaffte die G. M. W. E. im Jahre 1929 einen Schienenbus und setzte ihn zeitweilig zwischen den Bahnhöfen Gera-Pforten und Pölzig ein. Noch vor Beginn des Zweiten Weltkriegs wurde der Aktionsradius des Wagens bis zum Bahnhof Wuitz-Mumsdorf erweitert!

Als Folge der Weltwirtschaftskrise lag die Wirtschaft in den Jahren von 1929 bis etwa 1934 wiederum nieder. Mit der nachfolgenden relativen Erholung und in Erwartung lukrativer Gewinne durch den Bau der Autobahn kamen auch bei der G. M. W. E. neue Ideen zur Modernisierung des Massenguttransportes auf. So beschloß die

Geraer Generalversammlung am 16. September 1934 die Beschaffung von Großraum-Kippwagen, wie sie bereits seit einiger Zeit auf den umliegenden Grubenbahnen des Meuselwitzer Braunkohlenreviers im Einsatz waren.

Die Schmalspurbahn war dann am Bau der Reichsautobahn Eisenach—Dresden mit Erdstofftransporten von den Kaynaer Quarzwerken zur Haltestelle Trebnitz sowie mit Steintransporten von Gera-Süd nach Trebnitz in aufgerollten Regelspurwagen beteiligt. Zur Entladung der Transportgüter legte die Bahn ein provisorisches, etwa 500 m langes Ladegleis von der Haltestelle Trebnitz zur Autobahnbaustelle an. Die Einnahmen aus den Transporten für den Reichsautobahnbau waren tatsächlich erheblich.

Die G. M. W. E. hatte bereits 1935 mit der stellenweisen Neutrassierung der Strecke begonnen und vergrößerte enge Gleisradien bzw. begradigte enge Gleisradien. Bis zum Jahre 1937 waren die Arbeiten am Ober- und Unterbau abgeschlossen.

Der Beginn des Zweiten Weltkriegs im Jahre 1939 zeigte ähnliche Auswirkungen für die Bahn wie der Kriegsausbruch 1914. Der allgemeine Ver-

Bild 2.16. Blick aus dem Empfangsgebäude auf die Gleisanlagen des Bahnhofs Gera-Pforten, um 1930.
Foto: Wachsmuth

kehr war rückläufig, nur die Versorgung der Stadt Gera mit Brennstoffen stellte für die Bahn eine wesentliche Einnahmequelle dar und rückte auch in den Folgejahren in den Vordergrund.

Anläßlich des 40jährigen Bestehens der G. M. W. E. im Jahre 1941 verfaßte Louis Hirsch eine Laudatio:

„... Endlich sei noch des Erwerbs und der Sanierung der G. M. W. E.-AG gedacht, die, als deren Zusammenbruch drohte, gemeinsam mit einem anderen Geraer Unternehmer erfolgte. Damit wurde dieses Verkehrsunternehmen, das für die heimische Brennstoffversorgung und unserer Geraer Industrie von allergrößter Bedeutung ist, erhalten, und gerade das wirkt sich heute zugunsten der Allgemeinheit besonders aus. Namentlich geschah das im letzten schweren Kriegswinter ...".

Auch die „Geraer Zeitung" vom 11. November 1941 widmete dem Bahnjubiläum einen Artikel.

Da die G. M. W. E. im Zweiten Weltkrieg jedoch weder kriegswichtige Güter zu transportieren hatte, noch anderweitig für das Militär von Interesse war, ergaben sich zwischen 1942 und 1945 ernste Schwierigkeiten bei der Zuteilung von Brennstoffen für die Betriebsmittel. Den Reisenden wurden bereits seit 1939 in den Fahrplänen ausdrücklich Mitfahrgelegenheiten in Güterzügen angeboten. In den letzten Kriegsmonaten des Jahres 1945 ruhte der Betrieb fast gänzlich. Das Kriegsende war auch das Ende der G. M. W. E.

Bild 2.17. Gleisbegradigung bei Kilometer 6,4 (Schwaara) im Mai 1935. Im Gleisbogen verlief die alte Trasse.
Foto: Sammlung Becker

2.4. Von 1945 bis zur Betriebseinstellung

Gleich nach Beendigung der Kampfhandlungen übernahm die Stadt Gera die Betriebsführung der Schmalspurbahn, um die Versorgung der Stadt mit Brennstoffen zu gewährleisten. So blieb es bis zum Jahre 1948. Wegen der Bedeutung der Bahn für das Wiederingangkommen der Industriebetriebe unterblieb ein Abbau der Strecke als Reparationsleistung für die Sowjetunion — obwohl dieser Schritt ursprünglich in Erwägung gezogen worden war.

Der Zugbetrieb gestaltete sich in den ersten Monaten nach Kriegsende sehr stockend und war wesentlich von der Kohleversorgung für die Lokomotiven abhängig. Aus der Not heraus wurde erstmalig Braun- statt Steinkohle zur Lokomotivfeuerung verwendet.

Die alte G. M. W. E.-Betriebsdirektion im Bahnhofsgebäude von Gera-Pforten verblieb nach dem Kriegsende in ihrem Amt. Die Höhe des Aktienkapitals der Bahn war 1946 mit 2 Millionen Mark festgestellt worden. Die Aktien befanden sich je zur Hälfte im Besitz von Georg Hirsch jun., Gera sowie Fräulein Anna Weise, Gera (Familie Behrens).

Ebenfalls im Jahre 1946 fand in der Provinz Sachsen — Anhalt eine Volksabstimmung darüber statt, ob Privatbesitz enteignet werden sollte oder nicht. Das Stimmergebnis war ein eindeutiges „Ja". Im Verkündigungsblatt Nr. 38 der Provinz Sachsen — Anhalt vom 10. August 1946 war zu lesen: „... die G. M. W. E. ist unter den ehemaligen Privatbahnen, die in Volkseigentum übergehen sollen ...".

Als Folge des Volksentscheides und der finanziellen Forderungen der Stadt Gera für bislang verauslagte Betriebsaufwendungen von Mai 1945 bis Dezember 1946 wurden die bisherigen Eigentümer und Aktieninhaber entschädigungslos enteignet. Eine erste Bestandsaufnahme von 1946 bezifferte den Wert der Bahnanlage auf 2 477 679 Mark. Die Bahn hatte zu dieser Zeit 124 Beschäftigte, davon 40 im Werkstättendienst. Anfang 1948 wurden alle Privatbahnen im Thüringer Raum zum volkseigenen Betrieb „Thüringer Landesbahnen" zusammengefaßt. Die Betriebsleitung etablierte sich in Weimar, Berkaer Bahnhof. Ab 1. Juli 1948 erfolgten von dort aus die Buchhaltung und die administrative Leitung der ehemaligen G. M. W. E. Zwischen der Finanzabteilung und der örtlichen Betriebsleitung in Gera-Pforten ergaben sich jedoch in der Folgezeit ernste Spannungen, da die eingesessene Leitung der Bahn zu keiner Zusammenarbeit mit der neuen Verwaltung in Weimar bereit war. Erst ein Personalwechsel in Gera brachte eine Änderung der Situation.

Der administrative Aufbau des Verkehrswesens im Land Thüringen gestaltete sich zwischen 1947 und 1955 folgendermaßen:

1. Ministerium für Verkehr in Erfurt,
2. VVB Handel Land Thüringen in Erfurt, Krämpferring 27,
3. Thüringer Landesbahnen in Weimar, Berkaer Bahnhof,
4. Betrieb Gera-Meuselwitz-Wuitz.

Mit Befehl Nr. 64 der SMAD vom 28. April 1948 gingen die ehemaligen Privatbahnen endgültig in Volkseigentum über und wurden betrieblich am 1. April 1949 von der Deutschen Reichsbahn übernommen. Durch den Wechsel der Besitzver-

Bild 2.18. Die Lokomotive 99 5714 vor einem Personenzug mit Güterbeförderung im Bahnhof Söllmnitz, um 1960. Foto: G. Meyer

hältnisse ergab sich für die Zeit von 1949 bis 1955 folgende Struktur:

Eigentümer: Volkseigentum,
Rechtsträger: Deutsche Reichsbahn,
Verwaltung: Thüringer Landesbahnen,
Betriebsteil: Gera-Meuselwitz-Wuitz

Während dieser Zeit wurde im Schriftverkehr die Bezeichnung „Betrieb Gera-Meuselwitz-Wuitz" verwendet.

In den Jahren 1948/1949 hatte die Verlegung der Bahntrasse zwischen Kilometer 28,6 und 29,6 zur Debatte gestanden. Der Tagebau Prelitz sollte neu erschlossen werden. Hierfür machte sich die Verlegung der Bahnlinie und des Schnauderbaches zwischen den Betriebsstellen Oelsen und Zipsendorf erforderlich. Das neue Bachbett, der neue Bahnkörper sowie die erwähnte Brücke über den Schnauderbach waren bereits fast fertiggestellt, als das Projekt verworfen wurde. Einige Fragmente dieses Vorhabens sind heute noch sichtbar.

Anders bei den Betriebsmitteln, wo von Anfang an Schwierigkeiten bestanden: Die Feuerung der Dampflokomotiven mit Braunkohle in der Zeit nach 1945 ergab technische Probleme an den Feuerbüchsen der Maschinen. Im Jahre 1949 wandte sich deshalb die Betriebsleitung der Bahn mit dem Antrag um Zuweisung von Steinkohle an das Ministerium für Verkehr in Erfurt. Das Thüringer Kohlekontor war zu dieser Zeit jedoch nicht lieferfähig — deshalb mußte weiter mit der ungeliebten Braunkohle gefeuert werden. Um den Aktionsradius der solcherart betriebenen Lokomotiven zu gewährleisten, wurde von 1945 bis 1960 im Bf Kayna ein vierachsiger offener Güterwagen als „fahrbarer Kohlebansen" zur Zwischenbekohlung der Lokomotiven stationiert.

Für die Unterhaltung der Betriebsmittel und Bahnanlagen war von 1949 bis 1955 die Deutsche Reichsbahn zuständig. Die administrative Seite des Bahnbetriebs nahmen in dieser Zeit die Thüringer Landesbahnen wahr. Diesen oblag die territoriale Verwaltung, die finanzielle Führung sowie die Fahrplangestaltung.

Erste Maßnahme der Reichsbahn zur Anpassung

an die betrieblichen Erfordernisse nach dem Be-
sitzwechsel war die Umsetzung vierachsiger Reisezugwagen von der Eisfelder zur Geraer Schmalspurbahn. Der Personenverkehr war nach dem
Zweiten Weltkrieg durch die „Überlandfahrer"
derart angewachsen, daß die wenigen vorhandenen Personenwagen aus der Zeit der G. M. W. E.
nicht mehr ausreichten. Deshalb sollen sogar Güterwagen zur Personenbeförderung eingesetzt
worden sein. Auch die Haupteinnahmequelle der
Bahn geriet nicht in Vergessenheit: Etwa 1952 trafen mehrere Güterwagen in Gera-Pforten ein.

Die Aufteilung des Bahnbetriebes in eine territoriale Verwaltung einerseits und — auf der anderen
Seite — die Zuständigkeit der DR für die Betriebsmittel und Bahnanlage brachte eine Reihe schwer
lösbarer Probleme mit sich. Aus diesem Grunde
erfolgte schließlich die Auflösung der Thüringer
Landesbahnen. Die Verwaltung ging am 1. Juli
1955 an die Reichsbahndirektion Dresden über.

Nach einer Streckenbegehung durch die zuständige Rbd-Dienststelle im Jahre 1955 wurde der
Entschluß zu einer Generalüberholung des sehr
stark vernachlässigten Oberbaus gefaßt. In diesem Zusammenhang gelangten eine Reihe „frem-
der" Güter- und Spezialwagen nach Gera-Pforten, die nach Beendigung der Bauarbeiten die
Strecke meist wieder verließen.

Nach der Oberbauerneuerung wurden versuchsweise mehrere Neubau-Dampflokomotiven zur
Strecke Gera-Pforten—Wuitz-Mumsdorf umgesetzt, die eine Vereinheitlichung des Triebfahr-
zeugparkes bei 1 000-mm-Bahnen und eine Ab-
lösung der veralteten Mallet-Lokomotiven ermöglichen sollten. Der Versuch scheiterte jedoch trotz
der Gleisbegradigungen an der kurvenreichen
Streckenführung der Bahnlinie.

Ende der 50er Jahre konnte die Schmalspurbahn
wegen des rückläufigen Güterverkehrs eine Anzahl zweiachsiger Güterwagen der Gattung
Ow 10 t an andere Schmalspurstrecken abgeben.
Grund für den Verkehrsrückgang war die Stillegung mehrerer erschöpfter Braunkohlengruben
im Meuselwitzer Revier. Auch die Kalk- und Zie-
gelherstellung ging zurück, und nicht zuletzt übernahm der VEB Kraftverkehr einen großen Teil der
Transporte.

Das Transportaufkommen auf der ehemaligen
G. M. W. E. sank immer weiter. Die erste Maßnahme zur Aufwandsreduzierung war deshalb die
Stillegung der Verbindungsbahn in Gera zwischen
den Betriebsstellen Gera-Pforten und Gera-Süd
im Jahre 1963.

Tabelle 2.2. Güterknoten nach Stillegung der Schmalspurbahn

Betriebsstelle	Güterknoten
Kalk- und Ziegelwerke Gera-Leumnitz	Gera-Süd
Gera-Leumnitz, Trebnitz, Schwaara, Kalkwerk Zschippach, Brahmenau, Söllmnitz, Wernsdorf, Pölzig	Großenstein (an der Nebenbahn)
Dachziegelwerk Kretzschwitz Pölzig, Wittgendorf, Kayna,	Meuselwitz—Ronneburg) Gera-Langenberg
Wuitz-Mumsdorf	Zeitz

Dann ließ die DR 1964/1965 Rentabilitätsunter-
suchungen zur Betriebsreduzierung bzw. -einstel-
lung vornehmen. Dabei mußte die Versorgung
der an der Schmalspurstrecke liegenden Gemeinden ebenso berücksichtigt werden, wie die Not-
wendigkeit der weiteren Abfuhr von Kiesen und
Sanden aus dem Kaynaer Quarzwerk, das zu dieser Zeit der letzte nennenswerte Industrieanschluß
der Bahn war. Zur Gewährleistung des Güter-
versands und -empfangs der ländlichen Gemeinden und der restlichen Industrieanschlüsse sollten
Güterknoten gebildet werden.

Zur Abfuhr der Produkte des Kaynaer Quarzwerkes wurden vier Lösungsvarianten erarbeitet:

1. Neubau einer etwa 6 km langen Regelspur-
   Anschlußbahn vom Bf Meuselwitz zum Kaynaer
   Quarzwerk (unter Einbeziehung der bereits bestehenden Anschlußbahn bis Spora),
2. Abfuhr der Erzeugnisse durch Lkw nach Zeitz
   (etwa 18 km),
3. Umwandlung eines Teiles der Schmalspurbahn
   zu einer Werkbahn unter Verwendung der vorhandenen Gleisanlage zwischen den Kilometern
   24,2 und 31,2,
4. Bau einer 4 km langen Bandförderanlage zum
   Bf Meuselwitz oder zum BKW Zipsendorf IV.

Die Variante 1 schied wegen zu hoher Aufwen-
dungen in Höhe von 200 000 Mark sowie wegen
fehlender Baukapazität aus. Das Kaynaer Quarzwerk sollte noch bis etwa 1980 produzieren, die
jährliche Fördermenge betrug ungefähr 500 000 t
Kies. Die Investitionen hätten sich bei der Ver-
wirklichung dieser Variante nicht amortisiert.

Für die Variante 2 wären finanzielle Aufwendun-
gen in Höhe von 137 500 Mark zur Anlage von
Straßen und weitere 130 600 Mark für die Beschaffung zusätzlicher Lkw und Hänger notwendig
geworden. Somit schied auch diese Variante aus.

Bild 2.20.
Noch völlig ahnungslos:
Der letzte planmäßige
Personenzug (Nr. 1665)
nach Gera-Pforten
am 3. Mai 1969 im
Bahnhof Söllmnitz.
Foto: Weigel

Bild 2.21. Der Bahnhof Gera-Pforten nach dem Unwetter
am 3. Mai 1969. *Foto: Vondran*

Die Variante 4 hätte sogar Investitionen in Höhe von 3,0 bis 3,5 Millionen Mark erfordert. Auch diese entfiel deshalb. Blieb also nur die Variante 3. Für die Anschaffung einer Diesellok des Typs V 10 C, der Unterhaltung von 20 Stück Großraum-Kippwagen der Gattung OOtm 20 t und der Gleisanlage sowie für sechs Planstellen sollten im ersten Betriebsjahr lediglich 108 930 Mark erforderlich sein. Dies schien diskutabel.

Im Zusammenhang mit einer Aufwandsreduzierung stand auch der Vorschlag, entweder auf der ganzen Strecke oder nur zwischen Gera-Pforten und den Kaynaer Quarzwerken während des Berufsverkehrs bedarfsweise einen vierachsigen Triebwagen verkehren zu lassen. Ein geeignetes Fahrzeug war zu dieser Zeit gerade bei der Spreewaldbahn frei geworden. Der Vorschlag wurde jedoch nicht realisiert.

Im Jahre 1965 erfolgte die Inbetriebnahme eines zentralen Heizkraftwerkes in Gera für die Wärmeversorgung des neu errichteten Stadtzentrums und des Stadtteiles Bieblach. Die Versorgung dieses Werkes mit Brennstoffen erfolgte ausschließlich durch die Regelspurbahn. Die ehemalige G. M. W. E. wurde nicht in Anspruch genommen. Damit entfiel einer der Hauptgründe, die um die Jahrhundertwende zum Bau der Schmalspurbahn geführt hatten. Noch schlimmer: Der Deutschen Reichsbahn entstanden erhebliche Verluste durch die ehemalige G. M. W. E. — im Jahre 1965 waren es 795 835 Mark! Den Ausgaben von 1 281 835 Mark standen Einnahmen lediglich in Höhe von 486 000 Mark gegenüber . . .

Eine weitere Maßnahme zur Senkung der Betriebsverluste war die Einstellung des Stückgutverkehrs im Jahre 1966. Diese Aufgabe übernahm jetzt der VEB Kraftverkehr. Damals war bereits der größte Teil der Güterwagen abgestellt oder ausgemustert. Der Transport von Massengütern hatte sich nach 1960 ohnehin auf die Abfuhr der Produkte aus dem Kaynaer Quarzwerk in Richtung Wuitz-Mumsdorf beschränkt. Der Anschlußvertrag zwischen diesem Betrieb und der DR sollte zum 31. Dezember 1970 auslaufen und eine Verlängerung des Vertrages lehnte die Reichsbahn ab. Der Generalverkehrsplan des Bezirkes Gera sah deshalb für diesen Zeitpunkt die völlige Betriebseinstellung vor. Jedoch kam nach unerwarteten Ereignissen im Mai 1969 alles ganz anders als geplant.

Es begann damit, daß am Nachmittag des 3. Mai 1969 — bei strahlendem Sonnenschein — der Personenzug 1665 den Bf Söllmnitz verließ. Nach Ankunft des Zuges im Bf Gera-Pforten verdunkelte sich plötzlich der Himmel, und ein schwerer Gewitterschauer setzte ein. Der Zaufensgraben im Bahnhof trat schon nach kurzer Zeit aus seinem Bett und überschwemmte den Schmalspurbahnhof knöcheltief mit Schlamm. Vor der Bahnhofseinfahrt wurde der Bahndamm total unterspült, ebenso — wenngleich weniger stark — an mehreren Stellen in Richtung Gera-Leumnitz. Der kurz vor Beginn des Unwetters eingefahrene P 1665 mit der Lok 99 5911 mußte am Bahnsteig abgestellt werden. Zu diesem Zeitpunkt befanden sich außerdem die Lokomotiven 99 183 und 99 191 sowie mehrere Güter- und Reisezugwagen im Bahnhof. Der nachfolgende P 1667 aus Wuitz-Mumsdorf, gezogen von der 99 5912, wurde im Bf Gera-Leumnitz zurückgehalten, bis das Gewitter vorüber war. Danach rangierte die Zuglok um und fuhr mit einem Personenwagen an der Spitze bis zu der unterspülten Stelle im Bahndamm vor der Pfortener Bahnhofseinfahrt. Die wenigen Fahrgäste mußten den restlichen Weg zu Fuß zurücklegen . . .

Am 4. Mai 1969 entschied das Rba Zwickau in Abstimmung mit der Rbd Dresden, daß die Bahn mit sofortiger Wirkung stillgelegt werden sollte. Eine Instandsetzung der stark beschädigten Bahnanlage wurde verworfen. Der Abtransport der Schienenfahrzeuge aus dem Bf Gera-Pforten sollte mit Culemeyer-Transportwagen auf dem Straßenwege bis Gera-Leumnitz erfolgen. Dort wollte man die Fahrzeuge wieder aufgleisen und sammeln. Anschließend sollten sie nach Wuitz-Mumsdorf überführt werden.

Zur Verladung wurde im Bf Gera-Pforten, neben dem Werkstattgebäude zur Plauenschen Straße hin, eine schiefe Ebene aus Schwellen errichtet. Beim Versuch, die Lokomotive 99 191 zu verladen, stellte sich jedoch heraus, daß die Durchfahrt zwischen Werkstattgebäude und Kulturraum zu eng bemessen war. Der Bahnhof konnte deshalb nicht geräumt werden. Am 7. Mai 1969 kam vom Verkehrsministerium aus Berlin die Genehmigung, das Streckengleis zur Überführung der Fahrzeuge behelfsmäßig herzurichten. Mit Lkw's wurde daraufhin von den Kaynaer Quarzwerken Sand herangeschafft, der unterspülte Bahnkörper verfüllt und mit Balken abgestützt. Am Vormittag des 16. Mai 1969, nach 13tägiger Betriebsunterbrechung, verließ die erste Lok mit sieben Wagen den Bahnhof Gera-Pforten. Die Fahrt dauerte bis in die Abendstunden und mußte am Anschluß Kaynaer Quarzwerke beendet werden, da vorher

Tabelle 2.3. Buslinien im Einzugsgebiet der ehemaligen G.M.W.E. (Stand Jahresfahrplan 1982/1983)

Nummer	Strecke
	(Kraftverkehrsbetrieb Bezirk Gera)
N 207	Gera—Cretzschwitz—Söllmnitz—Wernsdorf
N 208	Gera—Trebnitz (Abzweig 1 km)—Söllmnitz (Abzweig 2 km)—Zschippach—Brahmenau/Culm—Brahmenau—Pölzig Betonwerke—Heuckewalde
N 211	Gera—Pölzig—Beiersdorf
N 235	Gera—Trebnitz—Schwaara
	(Kraftverkehrsbetrieb Bezirk Leipzig)
S 352	Ronneburg—Spora (Abzweig 3 km)—Meuselwitz
S 406	Altenburg—Meuselwitz—Zipsendorf—Prößdorf
S 410	Meuselwitz—Kayna
	(Kraftverkehrsbetrieb Bezirk Halle)
K 830	Zeitz—Pölzig—Hohenkirchen
K 836	Zeitz—Wittgendorf—Dragsdorf
K 838	Zeitz—Spora—Nißma
K 841	Zeitz—Oelsen—Zipsendorf—Meuselwitz
K 842	Zeitz—Kayna—Bröckau
K 844	Zeitz—Mumsdorf—Zipsendorf—Meuselwitz

Bahnübergänge freizulegen waren und der Wasservorrat der Lok zu Ende ging. Erst am nächsten Tag konnte die Fahrt nach Wuitz-Mumsdorf fortgesetzt werden.

Am 19. Mai 1969, 15.00 Uhr, verließ der letzte Zug den Bf Gera-Pforten. Er bestand aus zwei geheizten und einer kalten Lokomotive sowie sechs Wagen. Im Bf Gera-Leumnitz um 15.15 Uhr angekommen, wurden dem Zug weitere fünf Wagen beigestellt.

Bis zum 31. Dezember 1969 gab es nur noch zwischen den Kaynaer Quarzwerken und Wuitz-Mumsdorf Anschlußbetrieb mit Dampflokomotiven. Dann endete die Betriebsgeschichte einer Bahnstrecke, die nur 69 Jahre alt geworden ist. Eine offizielle Abschiedsveranstaltung fand nicht statt.

Einen Tag nach dem Unwetter über Gera war im Einzugsbereich der Schmalspurbahn zwischen Gera und Wuitz-Mumsdorf der Schienenersatzverkehr organisiert. Entsprechende Pläne für die Zeit nach der ursprünglich vorgesehenen Betriebseinstellung dieser Bahnstrecke im Jahre 1970 waren bereits ausgearbeitet und konnten nun realisiert werden. Nach anfänglichen Schwierigkeiten hatte

Bild 2.22 Nach der Einstellung des Personenverkehrs wurden die Reisezugwagen im Bahnhof Wuitz-Mumsdorf zu einer langen Reihe zusammengestellt. Eine Aufnahme vom Juli 1969.
Foto: Heinrich

Bild 2.23. Nach der endgültigen Betriebseinstellung am 31. Dezember 1969 wurden im Bahnhof Wuitz-Mumsdorf die Werklok 2 und weitere Schmalspurfahrzeuge abgestellt.
Foto: Heinrich

Bild 2.24 Nach dem Abbau der Schmalspurbahn: der Haltepunkt Wuitz-Mumsdorf an der regelspurigen Strecke Zeitz—Meuselwitz—Altenburg im Juli 1971. Personenzüge werden von Lokomotiven der Baureihe 65.10 befördert.
Foto: Heinrich

sich die Personenbeförderung ab dem 10. Mai 1969 stabilisiert. Daran beteiligt waren (und sind noch immer) die Kraftverkehrsbetriebe der Bezirke Gera, Leipzig und Halle.

Seit dem 19. Mai 1969 waren alle auf der Schmalspurbahn vorhandenen Lokomotiven und ein Teil der Wagen im Bf Wuitz-Mumsdorf zusammengezogen worden. Da die Güterwagen größtenteils bereits verschrottet waren, bildete sich auf einem Abstellgleis dieses Bahnhofes eine lange Schlange aus Reisezug- und Gepäckwagen. Im Verlauf des Frühjahrs und Sommers 1970 wurde die Lok 99 191 noch einige Male unter Dampf gesetzt, um Wagen zu rangieren, die für den Abtransport oder Verkauf bestimmt waren.

Der Streckenrückbau schleppte sich auf Grund fehlender Arbeitskräfte über längere Zeit hin. Die erste Etappe des Abbaues begann im Bf Gera-Pforten, da auf diesem Gelände von den Geraer Verkehrsbetrieben ein Omnibusdepot eingerichtet werden sollte. Bis zum Sommer 1970 waren die Abbrucharbeiten bis Spora vorangeschritten. Im Raum Brahmenau und Söllmnitz erfolgte der Gleisabbau durch LPG-Brigaden. Das 2 km lange Anschlußgleis vom Bf Söllmnitz zum Dachziegelwerk Kretzschwitz demontierten Angehörige des Betriebes sowie Privatinteressenten.

Die letzten Kilometer Gleis — von Spora bis Wuitz-Mumsdorf — wurden im Sommer 1975 durch Studentenbrigaden abgebaut. Allerletzte Gleisreste — zum ehemaligen Anschluß der Ziegelwerke — fanden sich noch 1984 nahe dem Bf Gera-Leumnitz. 1976 waren sogar noch Überreste des Dreischienengleises vom Bf Wuitz-Mumsdorf zum ehemaligen BKW Zipsendorf I (ex „Leonhard I") auffindbar gewesen. Einige Weichen aus dem Bereich des ehemaligen dreischienigen Bahnhofsteiles von Wuitz-Mumsdorf wurden bei der Neugestaltung der Zufahrt vom Bf Wernigerode-Westerntor zum Umladebahnhof verwendet.

Der frühere Bahnhof Wuitz-Mumsdorf ist heute nur noch ein Haltepunkt an der Nebenbahnstrecke Zeitz—Meuselwitz—Altenburg. Auf die einstige Schmalspurbahn weist dort heute nichts mehr hin. Der Ort Mumsdorf liegt nördlich dieser Station. Den Ort Wuitz wird man auf einer neuzeitlichen Landkarte nicht mehr finden. An seiner Stelle befindet sich heute ein ausgebeuteter Braunkohlentagebau. Die einstige Steckenführung ist nur an wenigen Stellen deutlich auszumachen. Größtenteils wurde die Trasse überpflügt (soweit in landwirtschaftlicher Gegend gelegen) oder von einem kleinen Stausee überflutet (südlich von Söllmnitz). Teilweise nutzt man sie auch als Fahrweg.

3. Geschäft, Betrieb und Verkehr

3.1. Betriebsführung

Allgemeines

Grundlage für den Betrieb der ehemaligen G. M. W. E. war die Betriebsführung nach Art des vereinfachten Nebenbahndienstes (BNd) DV 437. Denn seit 1955 galten die Betriebsvorschriften der Deutschen Reichsbahn.

Auf der Schmalspurbahn Gera-Pforten—Wuitz-Mumsdorf waren zuletzt nur noch die Endbahnhöfe mit Betriebseisenbahnern besetzt. Trebnitz, Schwaara, Brahmenau-Süd, Brahmenau, Wernsdorf, Wittgendorf, Spora, Oelsen und Zipsendorf waren unbesetzt. Jedoch besorgten noch bis Mitte der 60er Jahre auf verschiedenen Betriebshaltestellen Hilfskräfte als Vertragseisenbahner Verkehrsdienst, überwiegend beim Fahrkartenverkauf. Der Streckenfahrdienstleiter, Zugleiter genannt, war im Bahnhof Gera-Pforten für den Abschnitt Gera-Pforten—Kayna und im Bahnhof Wuitz-Mumsdorf für den Abschnitt Wuitz-Mumsdorf—Kayna verantwortlich. Auf den Unterwegshaltestellen gab der Zugführer Zuglaufmeldungen ab.

Die Eisenbahnbau- und Betriebsgesellschaft Vering & Waechter hatte in einem Rundschreiben zu Beginn des Jahres 1902 für die G. M. W. E. angeordnet, daß bei Zugkreuzungen der zuletzt eintreffende Zug vor der Station zu halten habe. Des weiteren sollten aus der Steigung kommende Züge vorrangig in die Haltestellen eingeführt werden. Im Dienstfahrplan der G. M. W. E. waren ab dem Jahre 1925 die Kreuzungen der Züge auf den Bahnhöfen Gera-Leumnitz, Söllmnitz, Pölzig und Kayna so geregelt: „Bei Zugkreuzungen hat der von Gera-Pforten kommende Zug vor der Einfahrtsweiche zu halten und erst auf das Einfahrtssignal in den Bahnhof einzufahren!"

Aus den Anfangsjahren der G. M. W. E. stammte auch die Regelbesetzung der Güterzüge mit vier Betriebseisenbahnern. Neben einem Zugführer und Schaffner waren auch zwei Bremser erforderlich. Die G. M. W. E. beschäftigte übrigens mehrere Hilfsbremser. Oft wurde diese Tätigkeit jedoch durch Streckenläufer wahrgenommen. Die Betriebsleitung verbot dann diese „Mitfahrten", weil die Sterckenläufer dadurch ihre Kontrollpflicht verletzten. Der Arbeitskräfteabbau mit Einführung der Druckluftbremse an Güterwagen und besonders nach Übernahme der Betriebsführung durch die Deutsche Reichsbahn rechtfertigte die auf Zugführer und Schaffner reduzierte Zugbesatzung. Für die Gefällestrecke zwischen Gera-Pforten und Gera-Leumnitz mußten im Zugverband 48 Prozent der Wagenzugmassen abgebremst werden. In gemischten Zügen liefen die Personenwagen deshalb immer hinter der Lokomotive. Die Personen- und Gepäckwagen wurden bis 1930 mit der Heberleinseilzugbremse gebremst. Zusätzlich mußten noch mindestens vier Handbremsen der Güterwagen bedient werden. Das geschah durch sogenannte Doppelbremsen. Bei der Zugbildung wurden die Güterwagen so aneinander gereiht, daß jeweils zwei Handbremsen zueinander standen. Ein Bremser konnte dadurch zwei Handbremsen bedienen, denn auch bei der G. M. W. E. war das „Springen von Wagen zu Wagen" während der Fahrt verboten.

Die Höchstgeschwindigkeit auf der Schmalspurstrecke Gera-Pforten—Wuitz-Mumsdorf betrug 25 km/h. Die mögliche Höchstgeschwindigkeit der Lokomotiven lag jedoch um 5 bis 10 km/h höher. Eine Fahrzeitberechnung für die Mallet-Lokomotiven aus den ersten Betriebsjahren weist zum Durchfahren der 31,2 km langen Strecke eine kürzeste zulässige Fahrzeit von 93 Minuten aus (ohne Anrechnung von Aufenthaltszeiten). Erwähnenswert die generellen Geschwindigkeitsbegrenzungen auf der ehemaligen G. M. W. E. (Auszug aus dem Buchfahrplan 1965):

— 15 km/h zwischen Gera-Pforten und Gera-Leumnitz auf 2 600 km Länge (Kilometer 0,30 bis 2,90) wegen starkem Gefälle. Dadurch konnte die Bahnhofseinfahrt in Gera-Pforten am Kilometer 0,30 bis zum Gleisabschluß bei Kilometer 0,00 (Bahnsteig) nur noch mit 10 km/h befahren werden.

— 10 km/h zwischen Trebnitz und Schwaara (Kilometer 6,43 bis 6,53) wegen Unübersichtlichkeit.

— 20 km/h bei der Ortsdurchfahrt Söllmnitz in Richtung Wernsdorf (Kilometer 11,1 bis 13,0).

— 15 km/h wegen Unübersichtlichkeit zwischen Kilometer 26,80 und 27,90 (zwischen Oelsen und Spora).

Weitere Geschwindigkeitsbeschränkungen infolge schlechten Oberbaus waren in der La-Vorschrift enthalten und örtlich durch Geschwindigkeitsbeschränkungstafeln (Signal Lf 4) angezeigt.

Zugbildung

Zum Festlegen des Wagenzuggewichtes waren Lokomotivleistung und Zustand des zu befahrenden Streckenabschnittes maßgebend. Dazu erstellte die Betriebsleitung der G. M. W. E. eine Geschwindigkeits- und Belastungstabelle für die einzelnen Lokomotiven.

Die zulässige Höchstachsenzahl für Züge auf der Schmalspurstrecke Gera-Pforten—Wuitz-Mumsdorf betrug bis zum Jahre 1949 34 Achsen, danach bis zur Betriebseinstellung 40 Achsen. Zwischen Kayna und Wuitz-Mumsdorf waren beim Einsatz von druckluftgebremsten OOtm-Wagen sogar Zugstärken bis zu 60 Achsen möglich.

Nachteilig beim Einsatz von Rollfahrzeugen war, daß auf dem Streckenabschnitt Gera-Pforten—Gera-Leumnitz bergauf nur ein beladener Regelspurwagen und bergab zwei beladene oder drei leere Regelspurwagen auf Rollfahrzeugen befördert werden konnten. Weitere Einschränkungen beim Rollwagenverkehr bestanden im Aufbocken

von Regelspurwagen bis zu einem Achsstand von lediglich 5,0 m, weil nur Rollfahrzeuge mit 5,5 m Fahrbühnenlänge zur Verfügung standen.

Wichtig für die Zugbildung und Bereitstellung der Güterwagen zur Kohlebeladung war der bautechnische Zustand der offenen Güterwagen. Insbesondere Güterwagen der Gattung Ow mit einem Achsstand von mehr als 2,5 m sowie Wagen ohne Lenkachsen konnten nur beschränkt auf das Streckennetz der Geraer Straßenbahn mit ihren engen Gleisbögen übergehen (kleinster Halbmesser 15 m). Aus diesem Grund waren im Stadtgebiet von Gera fast ausschließlich Drehgestellwagen unterwegs.

Verkehrsdienst

Um den Wagenumlauf sicher kontrollieren zu können, hatte ab dem Jahre 1903 täglich um 11.00 Uhr eine telefonische Wagenbestands- und -bedarfsmeldung der einzelnen Betriebshaltestellen an die Betriebsleitung nach Gera zu erfolgen. Ab 1. Juni 1903 waren täglich durch die Zugführer Wagenzettel auszustellen, und ab 1905 mußten auch Wagenaufschreibungen über Viehwagen geführt werden. Viehwagen mußten nach erfolgtem Transport innerhalb von 48 Stunden zum Desinfizieren dem Bahnhof Gera-Reuss zugeführt werden. Doch bereits im Jahre 1910 schaffte die Betriebsleitung dieses System der täglichen Wagenmeldungen wieder ab.

Statt dessen hieß es in einem G. M. W. E.-internen verkehrsdienstlichen Rundschreiben vom 10. August 1910: „Nach dem unsererseits gemachten Erfahrungen und andererseits in Anbetracht der Eigenartigkeit des Betriebes und der Anschlußgleise an der Strecke, halten wir es für überflüssig, daß die Wagenmeldungen in der bisherigen Weise vorgenommen werden. Aus diesem Grund werden hiermit alle dieseitigen Verfügungen aufgehoben. Für künftig sind nur Wagenaufforderungen an

Tabelle 3.1. Buchfahrplanlasten für Triebfahrzeuge der Schmalspurbahn Gera-Pforten—Wuitz-Mumsdorf	Lokomotivbaureihe	Zuglasten (t)				
		Gera-Pforten—Wuitz-Mumsdorf			Wuitz-Mumsdorf—Gera-Pforten	
		bis Gera-Leumnitz	bis Kayna	ab Kayna	bis Kayna	ab Kayna-Quarzwerke
	99 57	60	130	210	200	130
	99 59	80	170	310	300	170
	99 18-19	115	200	350	350	205

die Station Gera-Reuß zu richten, wenn auf einer Station ein wirklicher Bedarf eines Wagens vorhanden ist, der sich nicht durch den eigenen Bestand decken läßt. Die Wagenaufforderungen können daher zu jeder Tagesstunde bewirkt werden. Im übrigen sind alle offenen Güterwagen pünktlichst nach ihrer Entladung den Zügen in Richtung nach Wuitz-Mumsdorf mitzugeben. Die Kalkwagen sind, wenn über dieselben nichts anderes verfügt wird, je nach Bedarf den Kalkwerken in Culm oder in Leumnitz stillschweigend zuzusenden. Die geparkten Güterwagen haben solange auf der Entladestation stehen zu bleiben, bis über dieselben verfügt wird. Ein längerer Aufenthalt bis zu 12 Stunden der offenen und Klappdeckelwagen darf nicht überschritten werden. Als Sammelstelle der Langholzwagen bleibt nach wie vor der Bahnhof Leumnitz bestehen. An den sonstigen Bestimmungen bezüglich der Ausübung der Kontrolle über den Wagenumlauf, rechtzeitige Entladung und pünktliche Mitgabe der Wagen hat sich nichts geändert. Für die genaue Durchführung des Wagenumlaufs mit den Haltestellen werden die Mutterstationen verantwortlich gemacht. Dieselben müssen daher jederzeit darüber unterrichtet sein, welche Wagengattungen sich auf den Haltestellen befinden."

Die Berechnung der Frachttarife auf der Schmalspurbahn Gera-Pforten—Wuitz-Mumsdorf erfolgte nach den Tabellen des Binnentarifs der Preußischen Staatseisenbahn. Danach kostete die Beförderung eines Güterwagens mit 10 000 kg Kohle von Wuitz-Mumsdorf bis nach Gera-Pforten 15,00 Mark. Für die Zuführung und Abholung der Wagen zu den Anschlußgleisinhabern berechnete die G. M. W. E. zusätzlich Anschlußgebühren. Diese betrugen für 10-t-Wagen 4,00 Mark und für 5,0-t-Wagen 2,00 Mark. Mit der Erhebung von Anschlußgebühren zu den Frachtsätzen sicherte sich die G. M. W. E. bedeutende zusätzliche Einnahmen im Güterverkehr. Die Anschlußgebühren unterlagen ab dem Jahre 1920 mehrfachen Preissteigerungen. So wurden z. B. im Jahre 1925 von der Brikettfabrik „Leonhard I" in Wuitz-Mumsdorf 6,00 RM für 15,0-t-Wagen und 8,00 RM für 20,0-t-Wagen abgefordert. Die DRG konnte dagegen mit geringeren Kosten dieses Anschlußgleis bedienen . . .

Weitere Unkosten für die Transportkunden bestanden bei der Überführung der Wagen zwischen Gera-Pforten und Gera-Süd. Die Überführungsgebühren, einschließlich Umladung, wurden im Jahre 1905 auf 5,00 Mark pro Tonne festgesetzt.

Bei Überführung von mindestens 500 Wagen im laufenden Verfrachtungsjahr ermäßigte sich die Gebühr auf 4,50 Mark pro 10 t und bei mindestens 1 000 Wagen auf 4,00 Mark pro 10 t. Für Stückgut betrugen die Gebührensätze je 100 kg 0,15 Mark. Mit Einführung des Rollwagenverkehrs erhob die G. M. W. E. zur Frachtgebühr zusätzlich eine Rollbockgebühr. Diese betrug je nach Ladegut 2 Pfennig pro 100 kg (also 1,50 bis 4,50 Mark pro Wagen).

Für die Überführung der Rollwagen zwischen dem Bahnhof Gera-Süd und Gera-Pforten berechnete die Geraer Straßenbahn der G. M. W. E. für einen beladenen Wagen hin und zurück 3,5 Pfennig/100 kg und für einen beladenen Wagen hin und leer zurück 6,7 Pfennig/100 kg. Diese Beträge wurden nicht dem Empfänger, sondern der G. M. W. E. in Rechnung gestellt. Vom 1. Januar 1950 an gab es zwischen der ehemaligen G. M. W. E. und der Deutschen Reichsbahn keine getrennte Rechnungsführung mehr. Die Frachtberechnung wurde einheitlich nach dem Deutschen Eisenbahn-Gütertarif Heft II vorgenommen. Einnahmen aus den Verkehrsleistungen der Bahn verrechnete die Reichsbahn von nun an ohne eine Trennung nach Spurweiten (z. B. für den Bf Wuitz-Mumsdorf).

Fahrpläne

Grundlagen für die Fahrplangestaltung der Schmalspurbahn Gera-Pforten—Wuitz-Mumsdorf waren bis zum Jahre 1945 ausschließlich wirtschaftliche Interessen. Die fahrplanmäßigen Züge verkehrten ab 1901 sämtlichst als Güterzüge mit Personenbeförderung. Das machte den Fahrplan störanfällig und führte sogar zu Betriebseinschränkungen.

Im Fahrplan der G. M. W. E. aus dem Jahre 1901 waren täglich vier Zugpaare über die Strecke ausgewiesen. Nach zwei Monaten Bahnbetrieb wurde die ungünstige Fahrteinteilung der Züge kritisiert. Dazu die „Geraer Zeitung" vom 12. Januar 1902: „Wenn man einen Blick auf den Fahrplan wirft, so kann man allerdings nicht begreifen, nach welchem Prinzip er aufgestellt ist, jedenfalls entspricht er dem Bedürfnis im Verkehr zwischen Stadt und Land in keiner Weise. Während in einem Zeitraum von $5^{1}/_{2}$ Stunden drei Züge in Gera abgelassen werden, nämlich vormittags 6.03 Uhr, 9.00 Uhr und 11.38 Uhr, verkehrt während der ganzen übrigen Zeit des Tages von achtzehn $^{1}/_{2}$ Stunden nur ein einziger Zug, und zwar steht

Bild 3.1.
Der erste Fahrplan, gültig vom Tage der Betriebseröffnung an. Aus der Geraer Zeitung vom 12. November 1901.
Foto: Sammlung Franz

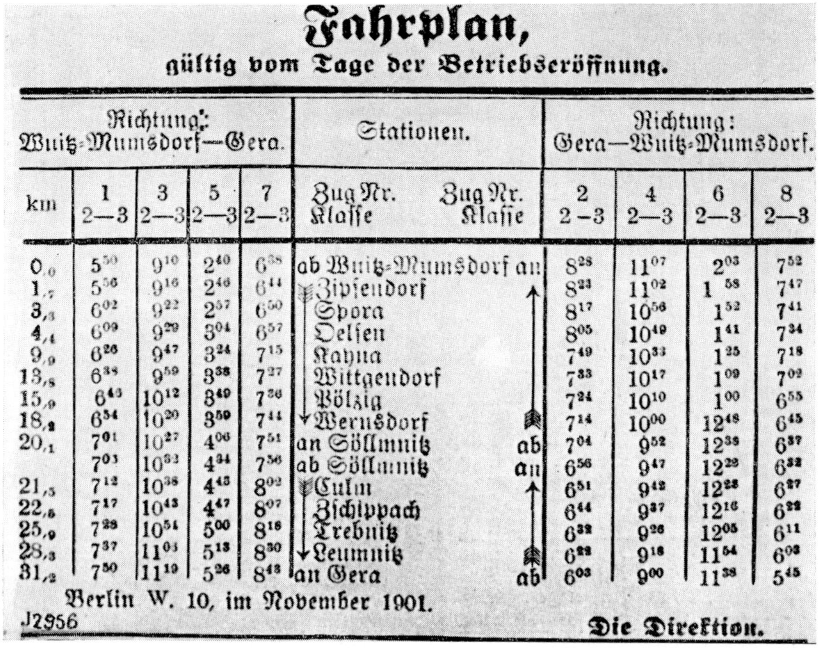

Fahrplan,
gültig vom Tage der Betriebseröffnung.

km	Richtung: Wuitz-Mumsdorf—Gera				Stationen	Richtung: Gera—Wuitz-Mumsdorf			
	1 2-3	3 2-3	5 2-3	7 2-3	Zug Nr. Klasse	2 2-3	4 2-3	6 2-3	8 2-3
0,0	5.50	9.10	2.40	6.38	ab Wuitz-Mumsdorf an	8.28	11.07	2.03	7.52
1,7	5.56	9.16	2.46	6.44	Zipsendorf	8.23	11.02	1.58	7.47
3,3	6.02	9.22	2.57	6.50	Spora	8.17	10.56	1.52	7.41
4,4	6.09	9.29	3.04	6.57	Oelsen	8.05	10.49	1.41	7.34
9,9	6.26	9.47	3.24	7.15	Kayna	7.49	10.33	1.25	7.18
13,8	6.38	9.59	3.38	7.27	Wittgendorf	7.33	10.17	1.09	7.02
15,9	6.43	10.12	3.49	7.36	Pölzig	7.24	10.10	1.00	6.55
18,2	6.54	10.20	3.59	7.44	Wernsdorf	7.14	10.00	12.48	6.45
20,1	7.01	10.27	4.06	7.51	an Söllmnitz ab	7.04	9.52	12.33	6.37
	7.03	10.33	4.34	7.56	ab Söllmnitz an	6.56	9.47	12.29	6.32
21,5	7.12	10.38	4.43	8.02	Culm	6.51	9.42	12.28	6.27
22,8	7.17	10.43	4.47	8.07	Zschippach	6.44	9.37	12.16	6.22
25,9	7.28	10.54	5.00	8.18	Trebnitz	6.32	9.26	12.05	6.11
28,3	7.37	11.03	5.13	8.30	Leumnitz	6.22	9.16	11.54	6.03
31,2	7.50	11.19	5.26	8.43	an Gera ab	6.05	9.00	11.38	5.45

Berlin W. 10, im November 1901.

J 2956.

Die Direktion.

für den Nachmittag und Abend der Zug 5.45 Uhr zur Verfügung. Durch den jetzigen Fahrplan wird nicht nur den Geraern, sondern auch der mit ihnen in Verbindung stehenden Landbevölkerung die Benutzung der Bahn fast zur Unmöglichkeit gemacht."

Der planmäßige Zugverkehr auf der Schmalspurstrecke Gera-Pforten—Wuitz-Mumsdorf hatte danach, mit nur geringen zeitlichen Verschiebungen, 14 Jahre lang seine feststehenden Zugverbindungen. Erst als die G. M. W. E. während und nach dem Ersten Weltkrieg in finanzielle Schwierigkeiten geraten war, strebte man Einsparungen an, die vor allem den Personenverkehr betrafen. Ab 1. Februar 1915 fielen die Züge Nr. 4 und 5 weg.

Im Sommerfahrplan der G. M. W. E., gültig ab 1. Juni 1917, verkehrten nur noch zwei Zugpaare: 5.45 Uhr und 14.42 Uhr ab Gera-Pforten (Ankunft 14.03 Uhr bzw. 21.18 Uhr) sowie 8.22 Uhr und 16.41 Uhr ab Wuitz-Mumsdorf (Abfahrt 11.52 Uhr bzw. 18.58 Uhr).

Mit diesem Zugbetrieb schaffte sich die G. M. W. E. ein Kuriosum eigener Art. Die „Geraer Zeitung" vom 3. Juni 1917 wußte darüber zu berichten: „. . . Es ist den Anliegern dieser Strecke zur Unmöglichkeit gemacht worden, an einem Tag nach Gera hin- und zurück zu kommen, denn der erste Zug von Leumnitz trifft in Gera 2.03 Uhr nachmittags ein, während der letzte Zug bereits 2.42 Uhr nachmittags zurück fährt! Wer also in Gera etwas Eiliges zu erledigen hat, muß seine Geschäftsfreunde oder Bekannten wohl oder übel nach dem entlegenen Meuselwitzer Bahnhof bestellen, um während der 39 Minuten Zwischenzeit das Erforderliche zu erledigen; dabei liegen die ersten Stationen Leumnitz und Trebnitz $1/4$ bis $3/4$ Stunde von Gera entfernt. Für die Geraer Einwohner dagegen, die etwas frische Landluft genießen wollen, ist viel besser gesorgt, denn man kann schon 5.45 Uhr früh hinausfahren und erst abends 9.13 Uhr zurückkehren, so daß man rund 15 Stunden zur Verfügung hat."

Die dauernde Steigerung aller Unkosten und die Verkehrsschwächung zwang die G. M. W. E., den Fahrplan den Erfordernissen des Güterverkehrs anzupassen. Weitere Einschränkungen von Fahrten gemischter Züge waren die Folge. Im Zeitraum zwischen den beiden Weltkriegen hatte die G. M. W. E. ihr geringstes Zugangebot. Im wesentlichen verkehrten von 1920 bis 1939 in jede

47

Richtung nur noch werktags ein oder zwei gemischte Züge. In den Fahrplanunterlagen war jedoch ausdrücklich vermerkt, daß weitere Fahrtmöglichkeiten mit Bedarfsgüterzügen bestanden. Auskunft darüber erteilten die Bahnhöfe.

Die Firma Vering & Waechter hatte während der Zeit ihrer Betriebsführung die Fahrpläne der G. M. W. E., beginnend im regelspurigen Anschlußbahnhof Wuitz-Mumsdorf, aufgebaut. Ab Mai 1920 erfolgte der Fahrplanaufbau in Gera-Pforten beginnend. Im Sommerfahrplan 1925 wurden neue Zugnummern (dreistellig für Güterzüge, einstellig für Reisezüge) eingeführt.

Mit Ausbruch des Zweiten Weltkriegs trat im Reiseverkehr bei der G. M. W. E. wieder eine andere Fahrplangestaltung in Kraft. Aus den Fahrplänen des Kriegszeitraumes ist ersichtlich, daß nur werktags wieder vier Zugpaare über die Gesamtstrecke verkehrten. An Sonn- und Feiertagen ruhte der Zugbetrieb. Auch war der Einsatz des Schienenbusses, der von 1929 bis 1939 fuhr, planmäßig nicht mehr vorgesehen.

Die in den Nachkriegsjahren auf der ehemaligen G. M. W. E. eingeführte Fahrplanstruktur war den neuen Verkehrsbedürfnissen angepaßt, und sie wurde im wesentlichen bis zum Winterfahrplan 1965/1966 beibehalten. Neben den bekannten täglichen vier Zugpaaren über die Gesamtstrecke

verkehrte ein fünftes an Werktagen. Weitere Reisezugpaare verkehrten zwischen Gera-Pforten und Kayna (zweimal) sowie zwischen Gera-Pforten und Pölzig (einmal).

Während der G. M. W. E.-Zeit von 1910 bis 1945 gab es nachts keinen Zugbetrieb. Die Fahrpläne der Schmalspurbahn nach Übernahme durch die Deutsche Reichsbahn wiesen erstmals auch in den Nachtstunden mehrere Personenzüge auf. Zu „Reichsbahnzeiten" hatte die ehemalige G. M. W. E. aber das umfangreichste Angebot an Reisezügen während ihres gesamten Bestehens.

Seit dem Sommerfahrplan 1966 wurde die Fahrplanstruktur dem geringeren Verkehrsaufkommen angepaßt. Auch entfiel die Unterscheidung der Zugnummern zwischen Gmp und „reinen" Personenzügen. Sämtliche Zugfahrten trugen bis zur Betriebseinstellung Personenzugnummern — selbst wenn sie Güterwagen mitführten.

Der bedeutendste Schritt zur Verkehrsreduzierung erfolgte mit dem Sommerfahrplan 1967. Von ehemals vier verkehrte nur noch täglich ein Zugpaar über die Gesamtstrecke. Das Zugpaar nach und von Wuitz-Mumsdorf war in erster Linie für die Abfuhr und Bereitstellung der Güterwagen zu den Kaynaer Quarzwerken bestimmt.

Drei weitere endeten in Kayna, und erstmals gab es ein Zugpaar Gera-Pforten—Söllmnitz. In den

Bild 3.2. Winterfahrplan 1953/1954.
Foto: Sammlung Franz

Bild 3.3. Letzter gültiger Winterfahrplan 1968/1969.
Foto: Sammlung Franz

Tabelle 3.2. Fahrplannummern der Schmalspurbahn Gera-Pforten—Wuitz-Mumsdorf von 1945 bis 1969

Zeitraum	Fahrplannummer
1945 bis 1960	160 k, 187 f, 188 h
1960 bis Winter 1967/1968	172 f
Sommer 1968 und Winter 1968/1969	551
Sommer 1969[1]	553

[1] nicht mehr in Kraft getreten

beiden letzten Fahrplänen der Schmalspurbahn Gera-Pforten—Wuitz-Mumsdorf war Kayna nicht mehr Wendepunkt der Personenzüge aus Gera. Dieser wurde, wie schon in den 30er Jahren, nach dem Bahnhof Pölzig verlegt.
Eine Besonderheit wies der letzte Fahrplan auf: Der P 1662 Gera-Pforten—Wuitz-Mumsdorf wurde werktags zwischen Gera-Pforten und Söllmnitz mit Vorspannlok und zwei Wagenzügen gefahren!

Betriebsunfälle

Der älteste bekanntgewordene Unfall auf der G. M. W. E. ereignete sich am 8. Januar 1902 in Pölzig. Die Geraer Zeitung vom 11. Januar wußte folgendes darüber zu berichten:
„... Pölzig 9. 1. 1902 — Zugentgleisung —
Als gestern Vormittag um 10 Uhr Zug 3 von Wuitz kommend, auf den hiesigen Bahnhof einfuhr, lief gleichzeitig Zug 4, von Wernsdorf kommend hier ein. Letzterer war noch nicht durch die Weiche, als Zug 3 mit solcher Geschwindigkeit anfuhr, daß durch Anprall der Maschine der letzte Wagen des Zuges Nr. 4 aus dem Gleis gehoben und dabei sämtliche Schrauben des Güterwagens herausgerissen wurden. Von der Maschine wurde ein Puffer abgebrochen. Durch diesen Zwischenfall wurde der Betrieb nicht weiter gestört. Auch ist vom Zugpersonal niemand verletzt worden ..."
Schlimmer war es am 8. März 1917: Der Güterzug 302 und der Personenzug 2 stießen infolge falscher Zugmeldung zwischen den Betriebsstellen Spora und Oelsen zusammen. Beide Lokomotiven und sieben Wagen entgleisten. Der gesamte Verkehr zwischen Kayna und Wuitz-Mumsdorf mußte für mehrere Tage unterbrochen werden. Das Geraische Tageblatt vom 10. März 1917 berichtete so darüber:

„... Gera, 9. 3. 1917
Auf der Schmalspurbahn Gera—Meuselwitz—Wuitz stießen gestern Nachmittag $1/2$ 1 Uhr zwischen Spora und Oelsen zwei Züge zusammen, wobei leider sechs Personen schwer und mehrere leicht verletzt wurden. Die schnell herbeigeeilten Ärzte aus Meuselwitz, Sanitätsrat Morenz und Dr. Pechstein, leisteten den Verletzten erste Hilfe. Durch den Zusammenstoß sind bei dem nach Gera fahrenden gemischten Zug die hinter der Lok laufenden zwei Personenwagen ineinander geschoben und zum Teil hochgehoben worden. Da sich die Ein- und Ausgangstüren an den Giebelseiten der Wagen befinden, konnten die Reisenden nicht heraus. So mußten sofort mit der Axt die kleinen Fenster vergrößert werden, um die meist verletzten Fahrgäste herauszubringen. Sie sind vorläufig nach der nahen Grube ,Leonhard II' nach Oelsen gebracht worden und befinden sich außer Lebensgefahr. Die meisten Verletzungen sind leichterer Art. Nur der Schreck wird groß gewesen sein.
Der von Gera kommende Güterzug hatte kaum Oelsen verlassen und konnte mit 16 Wagen im Gefälle nicht so schnell zum Halten gebracht werden. Der nach Gera fahrende gemischte Zug mit 15 Wagen hatte die eigentliche Kreuzungsstelle Spora kaum verlassen und wurde, weil in der Steigung, sofort zum Stehen gebracht, wodurch der Zusammenstoß abgeschwächt worden ist. Beide Lokomotiven stehen aufeinander noch im Gleise. Der Verkehr ruht vorläufig, doch sind die Aufräumungsarbeiten nicht sehr groß. Der Sachschaden an einer Lokomotive und zwei Personenwagen ist ziemlich groß, aber sonst ist kein nennenswerter Schaden verursacht worden. Ein Wunder ist es, daß der Unfall noch gut verlaufen ist. Die Schuld dürfte einen Fahrdienstleiter treffen. Der Zug mit dem Personenverkehr hätte in Spora warten müssen, bis der Güterzug dort hin kam. Er hätte nicht länger als fünf Minuten zu warten brauchen ..."
Ebenfalls großer Sach- und mittlerer Personenschaden entstand bei einem Unfall am 24. November 1921, als um 21.20 Uhr zwischen Wittgendorf und Kayna der Zug Nr. 8 mit der Lok 2 entgleiste. Infolge zu hoher Geschwindigkeit bei schlechtem Oberbau sprangen alle Wagen des Zuges aus dem Gleis, und die Lokomotive stürzte um. Der Heizer und einige Reisende wurden verletzt.
Am 15. März 1930 ereignete sich der erste Unfall mit dem neuen Schienenbus. Die Geraer Zeitung vom 17. März 1930 berichtete davon:

Bild 3.4.
Ein Achsbruch war die Ursache für diesen Unfall nahe Beiersdorf am 15. März 1930.
Foto: Sammlung Franz

Bild 3.5.
Die verunglückte Lok 8 beim Kalkwerk Zschippach, am 8. Februar 1935.
Foto: Sammlung Franz

„... Unfall des Triebwagens.
Kein Personen- und Sachschaden entstand.
Der Triebwagen der Gera-Meuselwitz-Mumsdorfer Eisenbahn, der bei dem Reisepublikum dieser Strecke sehr beliebt und einer der ersten Triebwagen in Deutschland überhaupt ist, hatte am Sonnabend nachmittag in der Nähe von Beiersdorf (Kreis Gera) einen noch glimpflich verlaufenden Unfall. Der Triebwagen, der 17.05 Uhr Wuitz-Mumsdorf verläßt, 17.46 Uhr Pölzig erreicht und 18.35 Uhr in Gera-Pforten ankommt, hatte eben sein Läutwerk am Orte vorüberklingen las-

Bild 3.6.
Am 10. November 1941 rollten zwei OOw-Wagen die Meuselwitzer Straße in Gera hinunter und entgleisten in einer Kurve.
Foto: Sammlung Heinrich

sen, als er sich am Dorfausgang plötzlich aus den Schienen hob und auf die Seite legte. Glücklicherweise kam er auf das sanft ansteigende, vom Regen aufgeweichte Feld und den flachen Straßengraben zu liegen, so daß größeres Unglück vermieden wurde. Die Ursache des Unfalls war ein Achsbruch am rechten Vorderrad; der Anbruch muß schon längere Zeit zurückliegen, durch die kurvenreiche Strecke wurde das Rad mit einem kurzen Achsstück abgedreht. Die beiden Wagenführer und die beiden Fahrgäste kamen mit dem Schrecken davon. Hilfsbereite Hände waren schnell in großer Zahl zugegen, außerdem konnte der Bauzug der Betriebsstelle Gera in kurzer Zeit zum Abholen herbeigerufen werden..."

Am 8. Februar 1934, um 2.45 Uhr, entgleiste die Lok 8 bei der Anschlußweiche zum Kalkwerk Zschippach und stürzte um. Der Grund: Der in der Anschlußweiche tagsüber entstandene Schneematsch war nachts bei minus 17 °Celsius gefroren und brachte die auf die Weiche auffahrende Lok zum Entgleisen. Außerdem waren mehrere Güterwagen entgleist. Der Heizer lag unter der umgestürzten Lok, erlitt aber nur mittlere Verletzungen.

Einen Unfall beim Rangieren von Güterwagen gab es am 30. November 1941. Zwei mit Kohle beladene OO-Wagen wurden auf den elektrifizierten Gleisen für die Geraer Straßenbahn bereitgestellt. Da jedoch vergessen wurde, diese

Gleise durch Gleissperren entsprechend zu sichern, rollten die Wagen auf der Verbindungsbahn die Meuselwitzer Straße herab und entgleisten in der Kurve zur Reichsstraße. Der Wagenaufbau des einen Güterwagens wurde total zertrümmert. Ein Eisenbahner der Kleinbahn hatte die Wagen zu bremsen versucht, war dann aber kurz vor dem Entgleisen abgesprungen. Glücklicherweise wurde bei diesem Unglück niemand verletzt.

3.2. Transportleistungen

Güterverkehr

Charakteristisch für die G. M. W. E. war, daß der Güterverkehr überwiegend mit Schmalspurwagen erfolgte. Dazu standen rund 150 Güterwagen der verschiedensten Gattungen mit einer Ladekapazität von etwa 2 000 t zur Verfügung. Der Hauptanteil der Gütertransportes wurde immer über die von der Bahn abgehenden Anschlußgleise abgewickelt. Von insgesamt 14 Anschlußgleisen im Betriebszeitraum gehörten sieben zu den ständigen Transportkunden der Schmalspurbahn.

Neben diesen Anschlußgleisen bestanden für den Güterverkehr die Tarifbahnhöfe Gera-Pforten, Gera-Leumnitz, Trebnitz, Brahmenau, Söllmnitz, Wernsdorf, Wittgendorf, Pölzig, Kayna und Wuitz-

4*

Mumsdorf. Diese Bahnhöfe waren nur für den Wagenladungsverkehr geöffnet. Behälter durften übrigens nicht auf die Schmalspurbahn übergehen. Die Stückgutbeförderung übernahm bereits Ende der 50er Jahre der Kraftverkehr. Stückgutknoten für die Bahnhöfe im Einzugsbereich der Schmalspurbahn war Gera Hbf.

Von den drei Berührungspunkten der Schmalspurbahn Gera-Pforten—Wuitz-Mumsdorf mit der Regelspurbahn war von Anfang an der Bahnhof Wuitz-Mumsdorf als Umladebahnhof bestimmt. Das Umladen der Transportgüter, die über die Strecke der G. M. W. E. hinausgingen — in der Hauptsache Kohle, Kies, Kalk, Ziegel sowie in der Erntesaison Kartoffeln und Zuckerrüben — wurde, soweit keine Spezialwagen zum Einsatz kamen, im Bahnhof Wuitz-Mumsdorf von Hand bewältigt. So waren in der Erntesaison oft bis zu 100 Umladearbeiter beschäftigt. Die jeweiligen „Güterstationen" der Schmalspurbahn hatten — sobald die Beladung begann — den Umladebahnhof über Zug, Fracht und Anzahl der umzuladenen Wagen zu verständigen.

Die Umladung in Wuitz-Mumsdorf erfolgte zuletzt durch eine aus drei Mann bestehende Ladekolonne der Deutschen Reichsbahn, täglich von 6.00 bis 14.00 Uhr. Für den Umladebetrieb standen in Wuitz-Mumsdorf eine Hochrampe für Schüttgutumladung mit 60 m Länge und zwei Umladegleise von 250 bzw. 340 m Länge zur Verfügung. Seitens der Regelspurbahn wurde der Bahnhof täglich dreimal durch Übergabefahrten vom Bahnhof Meuselwitz aus bedient. Als hauptsächliche Umladegüter fielen Kalk, Dachziegel, Verblendersteine, Sand, Getreide und Düngemittel an.

Der Güterbahnhof Gera-Süd wurde von 1901 bis zur Einführung des Rollwagenverkehrs im Jahre 1929 ebenfalls als Umladebahnhof benutzt. Die Kapazität des Umladeverkehrs blieb in diesem Bahnhof mit 50 bis 150 t in der Woche, überwiegend Kalk aus den Leumnitzer Kalkwerken, immer gering. Ein Grund dafür dürften die zusätzlichen Überführungsgebühren der Güterwagen zwischen dem Bahnhof Gera-Pforten und Gera-Süd durch die Straßenbahn gewesen sein.

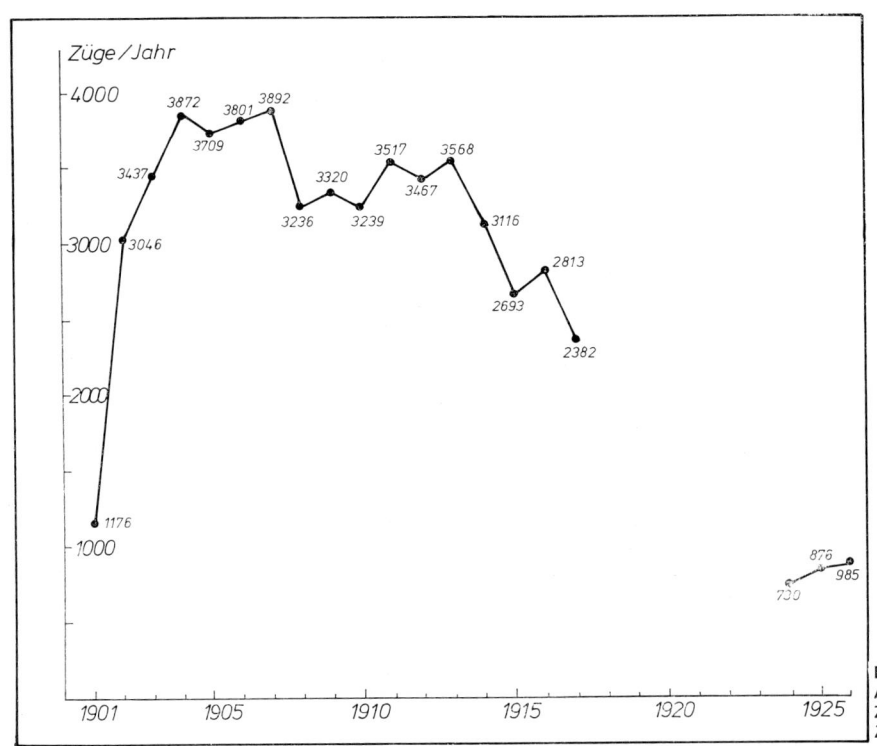

Bild 3.7.
Anzahl der gefahrenen Züge von 1901 bis 1926.
Zeichnung: Taege

Bild 3.8.
Anzahl der beförderten Personen
und Güter von 1923 bis 1942.
Zeichnung: Taege

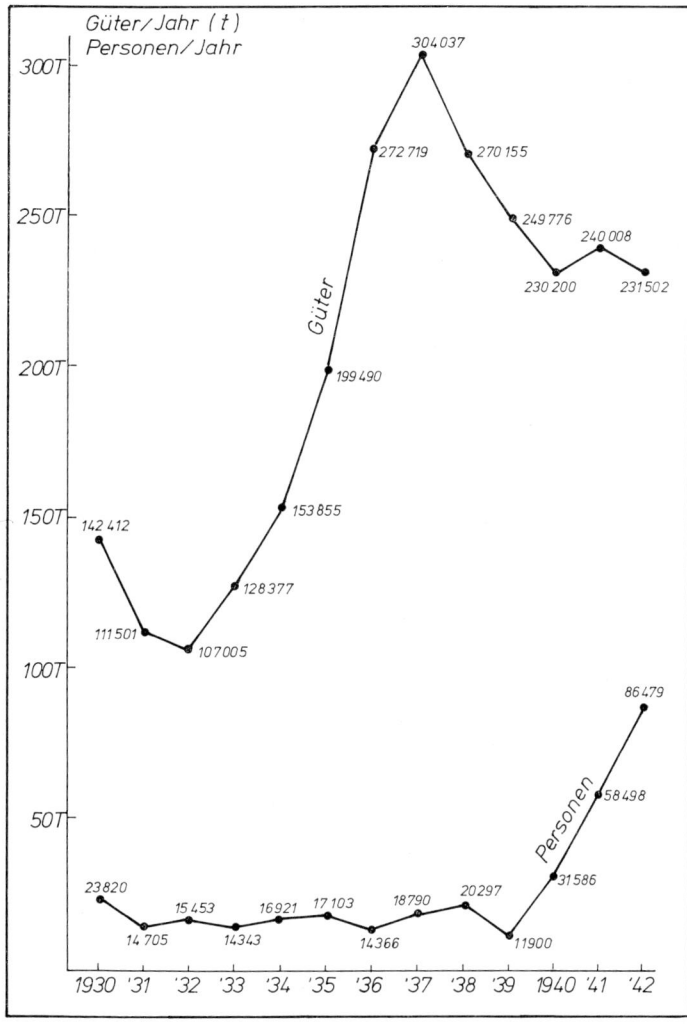

Der Regelspuranschluß im Bahnhof Spora hatte im übrigen nur für die Abfuhr der Kohle aus der dortigen Brikettfabrik Bedeutung und stand in keinem Zusammenhang mit der Schmalspurbahn. Der Abtransport der Kohle aus dem Meuselwitzer Braunkohlenrevier nach Gera war die Hauptaufgabe der Schmalspurbahn. Bis zur Auflassung des Straßenbahnanschlusses im Jahre 1963 blieb der Kohletransport dominierend im Güterverkehr. Die aus Wuitz-Mumsdorf versandte Kohle war eine sehr hochwertige mit hohem Schwefelgehalt, die für die örtliche Industrie und den Hausbrand Verwendung fand. Bis zu 500 t Kohle wurden täglich mit Güterwagen der Schmalspurbahn in der Haupttransportrichtung Wuitz-Mumsdorf—Gera befördert. Ein Großteil der Kohlewagen ist im Bahnhof Gera-Pforten von der Geraer Straßenbahn übernommen und auf einem weitverzweigten Streckennetz im Stadtgebiet den angeschlossenen Fabrikanlagen direkt zugestellt worden. Bedeutenster Abnehmer für die Kohle waren neben der Stadt Gera die 1890 gegründeten Ziegelwerke „Reußengrube" bei Söllmnitz. Die „Reußengrube" erhielt im Jahresdurchschnitt 5 000 t

53

Rohbraunkohle und 4 500 t Braunkohlenbrikett aus Wuitz-Mumsdorf und Spora mit der Schmalspurbahn zugefahren. Im Tagesdurchschnitt entsprach das einem Kohlezug, bestehend aus fünf offenen Güterwagen.

Auf dem Anschlußgleis für die Gemeinde Cretzschwitz (Abschnitt Bahnhof Söllmnitz—Reußengrube) wurde bis zum Jahre 1956 Hausbrandkohle für die Kohlehändler Knorr aus Söllmnitz und Starke aus Cretzschwitz entladen. Besonders in den ersten Jahren nach dem Zweiten Weltkrieg war diese Verladestelle wichtig für die Versorgung der Bevölkerung der umliegenden Dörfer. Die Kohlehändler Prager aus Dorna, ihre Kollegen Kaufmann und Koch sowie das spätere IFA-Fahrzeugwerk in Ronneburg und der Kohlehändler Zergiebel aus Röpsen hatten in Trebnitz Brikett entladen. Bemerkenswert ist, daß der Ort Kayna keinerlei Industrie aufzuweisen hatte. Das Ladegeschäft bestimmte dort neben der Landwirtschaft die Kohlehandlung der Firma Merkel. Weitere Kohlehändler in Gera-Leumnitz waren die Firmen Neubert und Schmidt. Letztere verfügte sogar über einen großen Lagerschuppen im Bahnhof. In einem Schreiben an die Betriebsleitung der G. M. W. E. vom 7. Juli 1916 erklärte sich der Inhaber bereit, für jeden vor seinem Lagerschuppen ladegerecht gestellten Güterwagen die tarifmäßige Rangiergebühr von 50 Pfennig an die Eisenbahn zu zahlen, weil dadurch das Entladegeschäft vereinfacht wurde.

Im Jahre 1964 wurden immerhin noch 107 303 t Kohle mit der Schmalspurbahn befördert. Das waren 80 Prozent des gesamten Güterbinnenverkehrs (ohne Umladung)! Alle acht Bahnhöfe bzw. Haltestellen hatten „Kohleempfang". Dabei standen die Bahnhöfe Gera-Pforten mit 69 923 t, Gera-Leumnitz mit 13 566 t und Söllmnitz mit 11 603 t an der Spitze. Der Tagesdurchschnitt von 293 t Kohle im Jahre 1964 entsprach einer Menge von 20 Schmalspurgüterwagen.

Eine wesentliche Rolle im Güterverkehr der Schmalspurbahn spielten auch die Ziegelwerke der Gebrüder Sommermeyer und der Firma Scheibe in Gera-Leumnitz, die bereits im ersten Betriebsjahr der G. M. W. E. ein Anschlußgleis erhielten.

Die Geraer Zeitung vom 18. März 1902 berichtete: „Seit einer Woche hat sich der Verkehr, soweit der Transport von Gütern in Betracht kommt, auf unserer Bahn bedeutend gehoben. Bis zum 9. Juli sind 35 000 000 Steine aus den Leumnitzer Ziegeleien, die beim Bau des Zentralbahnhofes in Leipzig Verwendung finden sollen, zu befördern. Von der Reußengrube werden täglich im Durchschnitt 6 Lowries Verblendsteine verladen."

Ab 1930 wurde die Art und Weise des Gütertransports für die Leumnitzer Ziegelwerke grundsätzlich verändert. Sämtliche Frachtgüter transportierte man jetzt mit Rollfahrzeugen. Selbst die Anfuhr der Kohle aus dem Meuselwitzer Revier erfolgte ab diesem Zeitpunkt über die Meuselwitz-Ronneburger Nebenbahn. In Gera-Süd wurden die Kohlewagen auf Rollwagen gesetzt und mit der Schmalspurbahn nach Leumnitz gefahren. Im Rücklauf der durchschnittlich zwei Wagen pro Tag wurden dann Ziegel transportiert.

Nachdem sich der vormalige „Stammkunde", die Ziegelei der Firma Scheibe, einen eigenen Lkw-Fuhrpark angeschafft hatte, beschränkte sich der Bahntransport auf die Beförderung von Kohle.

Auch die Zeit eines anderen Nutzers in der Nähe von Trebnitz, der Ziegelei Keller, war 1931 zu Ende. Hier gefertigte Steine für den Bau der Culmer Kalkwerke waren 1902 von der G. M. W. E. zu ihrem Bestimmungsort gefahren worden.

Bis zum Ende der Schmalspurbahn zählte die Dachziegelfabrik „Reußengrube" in Cretzschwitz zu ihren Kunden. Über ein Anschlußgleis empfing sie in erster Linie Transportgut. Der Versand von Dachziegeln erfolgte schon in den 30er Jahren nur noch teilweise auf der Bahn. So wurde im Bahnhof Gera-Langenberg, an der Regelspurlinie Gera—Zeitz, fast täglich ein Regelspurwagen mit Dachziegeln beladen. Zu Spitzenzeiten wurden bis zu 5 000 t Dachziegel im Jahr (zwei 10-t-Wagen täglich) mit der Schmalspurbahn abtransportiert. Im Jahre 1964 versandte der jetzige VEB Dachziegelwerke Cretschwitz noch beachtliche 2 021 t Dachziegel im Umladeverkehr über Wuitz-Mumsdorf. Regelmäßig war auch der tägliche Transport von rund 40 t Ton vom Abbaugebiet am Bahnhof Söllmnitz über das Anschlußgleis zur Dachziegelfabrik. Die Überführung der mit Schieferton beladenen 5-t-Werkwagen erfolgte bis 1960 mittels Schmalspur-Dampflokomotiven. Die letzten zehn Betriebsjahre übernahm dies das Dachziegelwerk mit eigenen Diesellokomotiven.

Einen Anteil von nur 5 Prozent im Gütertransport der Schmalspurbahn verbuchten die drei Kalkwerke an der Strecke. Das Culmer Kalkwerk hatte seine Kalksteinbrüche im 1,5 km entfernten Zschippach. Die Bedienung der Kalksteinverladestelle erfolgte vom Bahnhof Culm aus. Mit dem Güterzug Nr. 301 wurden die vollen Wagen (bis zu sechs Wagen täglich) vom Anschlußgleis Zschippach nach Culm überführt. Und mit dem

Zug Nr. 302 kamen die Leerwagen wieder auf das Anschlußgleis. Doch diese Transporttechnologie war zu aufwendig. Mit der Produktionseinstellung des Culmer Kalkwerkes im Jahre 1933 erübrigte sich eine Inanspruchnahme der G. M. W. E.

Mit der Zuführung von täglich zwei Spezialwagen voll Kohle für die Brennöfen des Culmer und Zschippacher Kalkwerkes wurde — bis zur Einführung des Rollwagenverkehrs — im Rücklauf der Branntkalk zu den Umladebahnhöfen Wuitz-Mumsdorf und Gera-Süd abgefahren.

Der nunmehrige VEB Kalkwerk Gera-Leumnitz, zuvor Kalkwerk Leumnitz und größtes der drei Kalkwerke an der G. M. W. E., versandte im Jahre 1964 5 907 t Kalk (395 Wagen) und empfing 4 364 t Kohle (330 Wagen). Der Kalk war überwiegend für den Umladeverkehr bestimmt. Für diese Transporte fanden zuletzt die Selbstentladewagen der Gattung OOtm Verwendung, mit denen der Kalk in Wuitz-Mumsdorf über die Hochrampe gekippt wurde.

Zu den anderen Bahnnutzern gehörten die Kaynaer Quarzwerke, die sich nach ihrer Gründung in kurzer Zeit zu einem Kies- und Sandlieferanten von großer örtlicher Bedeutung entwickelten. Bis in die 30er Jahre ist die tägliche Sandproduktion überwiegend auf die an der Strecke liegenden Bahnhöfe abgefahren worden. Im Bahnhof Gera-Pforten hatten die Kaynaer Quarzwerke bis in die 50er Jahre hinein eine Verkaufsfiliale. Der Autobahnbau nördlich von Gera 1935/1936 hatte für die Kaynaer Quarzwerke ein erhöhtes Produktionsaufkommen gebracht, das bis zur Betriebseinstellung der Schmalspurbahn Gera-Pforten—Wuitz-Mumsdorf bestehenblieb. Der Sand- und Kiestransport auf der Schmalspurbahn betrug im Jahre 1964 immer noch 53 959 t. Davon wurden 50 921 t in Wuitz-Mumsdorf umgeladen. Der Sand- und Kiestransport erreichte bereits zu diesem Zeitpunkt 50 Prozent der Kohlebeförderung. Als diese zu Ende gegangen war, wurden Sand und Kies zum bedeutendsten Transportgut auf der Schmalspurbahn bis zur Betriebseinstellung.

Die Transportleistungen für die Landwirtschaft beschränkten sich im wesentlichen auf die Erntezeit. Entsprechende Güterladestellen waren alle Betriebshaltestellen zwischen Trebnitz und Kayna. Hauptsächlich zu befördern waren Getreide, Düngemittel und Futtermittel. Im Saisonverkehr sind vor allem Zuckerrüben und Kartoffeln im Umladeverkehr nach Zeitz transportiert worden. Bedeutende Ladestellen für Zuckerrüben waren die Haltestellen Trebnitz und Kayna.

Von 1901 bis 1920 sind täglich die Milchkannen der Bauern von den Unterwegsstationen zur direkt am Bahnhof gelegenen Molkerei nach Pölzig gefahren worden. Infolge des Mangels an Kraftfahrzeugen im und nach dem Zweiten Weltkrieg kam dieses Transportaufkommen nochmals kurzzeitig zur Schmalspurbahn zurück. Die im Zusammenhang mit den landwirtschaftlichen Produktionsgenossenschaften (LPG) entstandenen bäuerlichen Handelsgenossenschaften (BHG Gera-Süd, BHG Großenstein, BHG Wittgendorf) waren in den letzten Betriebsjahren der Schmalspurbahn die einzigen Transportkunden, welche auf den Unterwegshaltestellen Güterumschlag hatten.

Reiseverkehr

Die Schmalspurbahn Gera-Pforten—Wuitz-Mumsdorf hatte bis zum Jahre 1945 für den Personenverkehr nur wenig Bedeutung. Die Tatsache, daß von 1901 bis 1949 nur sechs zweiachsige Personenwagen zur Verfügung standen, unterstreicht das über Jahrzehnte bestehende geringe Reiseverkehrsaufkommen. Mit Ausnahme des Schienenbusses und einiger Sonderzüge bei Volksfesten verkehrten von 1901 bis 1945 nur gemischte Züge — d. h. im Fahrplan vorgesehene Güterzüge führten Personenwagen mit. Oft genügte das im Packwagen vorhandene Angebot von acht bis zehn Sitzplätzen den Bedürfnissen. Beispielsweise im Monat Januar 1915 waren die Züge mit nur durchschnittlich 20 Reisenden besetzt.

Wegen akuten Kohlemangels zur Feuerung der Dampflokomotiven hängte die G. M. W. E. vom 29. April 1919 bis zum 30. September 1919 die Personenwagen ab und stellte damit den Personenverkehr ein. Durch diese Maßnahme mußten z. B. 70 Bergarbeiter aus dem Ort Pölzig, die im Meuselwitz/Rositzer Revier arbeiteten, täglich den weiten Weg zu Fuß oder mit der eine Stunde entfernt liegenden Staatsbahn Meuselwitz—Ronneburg zurücklegen. Mit dem 1. Oktober 1919 wurde ein neuer Fahrplan ausgearbeitet, der wieder gemischte Züge beinhaltete.

Vom Oktober 1920 bis zum 1. Mai 1921 konnte wegen Personalmangel und hoher Verschuldungen kein Personenverkehr erfolgen. Und im Spätsommer 1923 ruhte der Personenverkehr erneut — diesmal inflationsbedingt. Eine Fahrkarte für eine einfache Fahrt über die Gesamtstrecke kostete am 1. Januar 1923 3 600 Papiermark, zur Jahresmitte betrug der Fahrpreis 10 800 und im Dezember des gleichen Jahres sogar 36 000 Papiermark! Als jedoch dann gegen Ende der 20er Jahre wieder ein gewisser Anstieg der Fahrgastzahlen festgestellt werden konnte, entschloß sich die Betriebsleitung der G. M. W. E. zum Einsatz des besagten Schienenbusses. Dennoch: In den ersten Betriebsmonaten blieb der Zuspruch der Fahrgäste hinter den Erwartungen zurück. Erstmals verkehrte der Schienenbus von Karfreitag, dem 29. März bis Osterdienstag, dem 2. April 1929 zu Sonderfahrten zwischen Gera-Pforten und Pölzig. Die Fahrzeit — gegenüber Dampfzügen — verkürzte sich um 15 Minuten. Am 20. April 1929 wurde schließlich der fahrplanmäßige Triebwagenverkehr auf dieser Strecke aufgenommen. An Werktagen verkehrte der Schienenbus, im Volksmund „Schienenzepp" genannt, zweimal und an

Sonn- und Festtagen dreimal zwischen den genannten Orten. Interessant war dabei die kurze Wendezeit des Fahrzeuges von nur 15 Minuten in Pölzig. Der durchgehende Schienenbusverkehr über die G. M. W. E.-Gesamtstrecke, den es nur während des Winterfahrplans 1929/1930 gab, lohnte sich allerdings nicht. Der Schienenbuseinsatz auf der G. M. W. E. wurde im März 1930 durch einen Unfall und zwei Monate später infolge des Werkstattaufenthaltes zum Einbau einer Notbremse kurzzeitig unterbrochen, bevor es am 23. August 1930 aus wirtschaftlichen Gründen erstmals zu seiner Totaleinstellung kam. Die laufende Unterhaltung des Schienenbusses sowie seine zu geringe Inanspruchnahme erforderten einen Zuschuß von jährlich 1 200 Mark.

Für eine Wiederaufnahme des Schienenbusverkehrs plante die Verwaltung der G. M. W. E., das Fahrzeug über die Straßenbahngleise bis ins Stadtzentrum zum Roßplatz (heute Platz der Republik) durchlaufen zu lassen. Dazu kam es je-

Bild 3.9. Noch im Bahnhofsbereich von Gera-Pforten beginnt die Neigung von 1 : 28. Hier verläßt ein Personenzug mit der Lok 99 191 den Bahnhof. Eine Aufnahme von 1968.
Foto: Sammlung Scheffler

Bild 3.10.
Zettelfahrkarte aus dem Jahre 1968.
Foto: Heinrich

doch nicht, der Stadtrat und die Leitung der Straßenbahngesellschaft waren dagegen. Dennoch — mit Unterbrechungen war der Schienenbus noch bis August 1939 im Einsatz. Im Feiertagsverkehr und bei erhöhtem Verkehrsaufkommen wurde ihm ein zweiachsiger Personenwagen beigestellt. Dieser Wagen wurde jeweils mit einem Güterzug oder einer Lok von Gera-Pforten nach Gera-Leumnitz gefahren, und erst dort dem Schienenbus beigestellt. Grund dafür waren die starken Steigungen auf diesem Abschnitt. Auf Drängen der Gemeinde Wernsdorf war dort am 19. Juni 1929 sogar eine Bedarfshaltestelle eingerichtet worden, an welcher nur der Schienenbus hielt. Von diesem Jahr an wurde das neue Gefährt stärker als bisher genutzt.

Nach 1945, als die sogenannte Landflucht einsetzte, stieg das Verkehrsbedürfnis nach Gera erheblich. Die Schmalspurbahn war die einzige Verkehrsmittel im Einzugsbereich. Die Berufstätigen aus den nahegelegenen Ortschaften an die Arbeitsplätze zu befördern sowie für die Rückfahrt nach Schichtende zu sorgen, wurde zu einer Hauptaufgabe der Nachkriegszeit für die Schmalspurbahn. Aus diesem Grunde konnte auch der Personenverkehr in den 50er Jahren noch einmal einen bedeutenden Aufschwung erleben. Ab Winterfahrplan 1948/1949 verkehrte für ein Jahr auch wieder der Triebwagen zwischen Wuitz-Mumsdorf und Kayna. Seine Aufgabe war die

Beförderung der Grubenarbeiter zur Ablöseschicht in den späten Abendstunden.

Die Einführung von Werk- und Kraftverkehrsbuslinien bedeutete für viele Werktätige eine Verbesserung der Fahrtmöglichkeiten zum Arbeitsort. Deshalb verlor der Berufsverkehr auf der Schmalspurbahn nördlich von Kayna bereits Ende der 50er Jahre wieder an Bedeutung. Aber auch der noch verbliebene Personenverkehr wurde mit Beginn der 60er Jahre immer geringer. Das beweisen ebenfalls die sinkenden Einnahmen aus dem Personenverkehr, die von 1962 bis 1964 von 82 863 Mark auf 72 045 und schließlich auf 68 308 Mark zurückgingen.

Lediglich auf dem Abschnitt Trebnitz—Söllmnitz gab es, nach dem Bau einer neuen Oberschule in Brahmenau, noch in den letzten zehn Betriebsjahren einen konstanten Schülerverkehr.

Bedingt durch den schlechten Oberbau wurde die Fahrzeit immer länger. Benötigte z. B. im Jahre 1910 ein gemischter Zug für die Gesamtstrecke knapp zwei Stunden, so war 1969 die Fahrzeit auf über drei Stunden angewachsen! Bezeichnend ist auch, daß die Bahnhöfe Gera-Pforten und Wuitz-Mumsdorf in den letzten Betriebsjahren keine gedruckten Fahrkarten zum Durchfahren der Gesamtstrecke ausgegeben haben. Wollte ein Reisender vom Anfangs- zum Endbahnhof, mußte nunmehr eine Zettelfahrkarte ausgeschrieben werden.

4. Strecke und Bahnanlagen

4.1. Streckengestaltung, Oberbau und Streckeninstandhaltung

Die Strecke Gera-Pforten—Wuitz-Mumsdorf war eine eingleisige Schmalspurbahn mit einer Spurweite von 1 000 mm. Ihre Linienlänge betrug, nach Entfernungsangaben der Fahrpläne, ständig 31,2 km. Der kleinste Bogenhalbmesser auf freier Strecke betrug 100 m, bei Nebengleisen waren auch 80-m-Bögen verlegt. Die Neigungsverhältnisse entsprachen denen einer typischen Hügellandstrecke. Die größte Steigung von 1:28 begann im Bahnhof Gera-Pforten und erstreckte sich bis zum Kilometer 1,7.

Die Linienlänge der Bahn verkürzte sich nach Gleisbegradigungen in den Jahren 1937/1938 auf 30,98 km. Dennoch hat man in den Fahrplänen an der Kilometerangabe nichts geändert. Insgesamt waren, einschließlich der Abzweigstrecke nach Cretzschwitz, 33,25 km Hauptgleise verlegt worden. Die Gesamtlänge aller Nebengleise betrug 5,22 km. Alles in allem verfügte die G. M. W. E. über 91 Weichen (1935).

Ab 1960 wurde begonnen, nicht mehr benötigte Gleisanlagen abzubauen. Bis zum Jahre 1965 verringerte sich dadurch die Gesamtgleislänge um über 3 km.

Für den Streckenoberbau hatten 12 m lange Schienen mit einem Metergewicht von 20 kg Verwendung gefunden. Erstmals wurde der Oberbau 1914 verstärkt. Dabei sind auf dem steigungsreichen Abschnitt Gera-Pforten—Gera-Leumnitz 12 m lange, schwerere Schienen mit einem Metergewicht von 24 kg in Verbindung mit jeweils 18 Eichenholzschwellen eingebaut worden. Die Firma Vering & Waechter verwendete für den Oberbau anfangs nur Fichtenholzschwellen (Länge 1 700 mm, Breite 180 mm, Höhe 140 mm). Der Schwellenmittenabstand betrug 878 mm; auf 12 m lagen 14 Schwellen. Eine Statistik aus dem

Tabelle 4.1 Aufschlüsselung angewandter Halbmesser auf die Streckenlänge

Halbmesser	Streckenlänge
	19 723 m
500 bis 300 m	700 m
250 bis 230 m	771 m
200 m	2 596 m
150 m	1 126 m
120 m	518 m
100 m	5 696 m

Tabelle 4.2. Aufschlüsselung der Neigungsverhältnisse auf die Streckenlänge

Neigungsverhältnis	Streckenlänge
1 : ∞	—
1 : 700 bis 1 : 200	2 353 m
1 : 145 bis 1 : 125	1 159 m
1 : 100	2 916 m
1 : 90 bis 1 : 80	585 m
1 : 75	1 063 m
1 : 70 bis 1 : 55	2 515 m
1 : 50	7 777 m
1 : 45 bis 1 : 43	1 201 m
1 : 33	245 m
1 : 29	361 m
1 : 28	1 702 m

Tabelle 4.3. Streckenbegradigungen auf der G.M.W.E. im Jahre 1935

Kilometrierung	Örtlichkeit
3,6 bis 4,1	Gera-Leumnitz, Ronneburger Straße
4,4 bis 5,7	bei Trebnitz
6,2 bis 7,5	bei Schwaara
7,8 bis 8,7	bei Zschippach
10,2 bis 10,6	bei Culm
10,6 bis 11,8	bei Lauenstein

Bild 4.1.
„Steil bergauf": zwischen
Gera-Pforten und Gera-Leum-
nitz lag das Gleis in einer
Neigung von 1:28.
Foto: Heinrich

Bild 4.2. Das Streckenprofil der Schmalspurbahn Gera-
Pforten—Wuitz-Mumsdorf.   *Zeichnung: Taege*

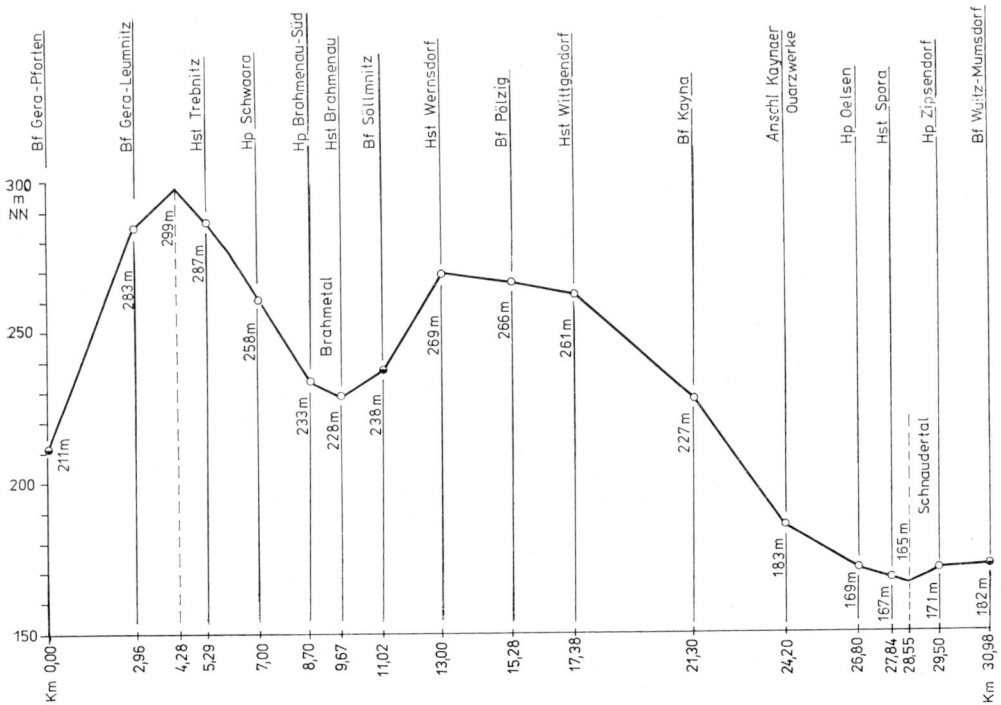

Tabelle 4.4. Aufschlüsselung der Schwellenanzahl auf die Gleislänge im Jahre 1936

Anzahl der verlegten Schwellen	Gleislänge
36 960 Holzschwellen	25 435 m
12 929 Stahlschwellen	8 317 m
2 333 Betonschwellen	1 523 m

Jahre 1936 wies 52 222 Schwellen auf einer Gleislänge von 35,275 km aus.

Nach 1938 lagen auf allen Hauptgleisen der Strecke nur noch Schienen mit 24 kg/m, die der Achslast von 9,00 Mp auf der Strecke genügten. Betonschwellen wurden erst 1965 eingebaut, so z. B. zwischen den Kilometern 0,95 und 1,20 sowie bei Wittgendorf.

Bild 4.3.
0m dreischienigen Bereich:
Zweispurweiche im Bahnhof Wuitz-Mumsdorf
Foto: Taege

Von 1965 bis zur Betriebseinstellung waren im Oberbau der Schmalspurstrecke Gera-Pforten—Wuitz-Mumsdorf nur noch 59 Weichen — d. h. 51 einfache Weichen, fünf Zweispurweichen (Wuitz-Mumsdorf), zwei Doppelkreuzweichen (Gera-Pforten) und eine einfache Kreuzung — vorhanden.

Der durchschnittliche Abstand zwischen zwei Haltestellen betrug in den letzten Betriebsjahren 2,23 km. Das Maximum lag bei 5,50 km, das Minimum bei 0,70 km. Der größte Teil der Strecke der Schmalspurbahn, 29,78 km, gehörte zuletzt zur Rbd Dresden, nur 1,20 km unterstanden der Rbd Halle/ (Bahnhof Wuitz-Mumsdorf). Die Schmalspurbahn kreuzte bei Kilometer 3,80 die Fernverkehrsstraße Nr. 7 und bei Kilometer 29,80 die Fernverkehrsstraße Nr. 180. Weiterhin wurden vier Landstraßen I. Ordnung und rund 150 kommunale Straßen bzw. landwirtschaftliche Fahrwege gekreuzt.

Zur Unterhaltung der Gleisanlagen verfügte die G. M. W. E. über eigenes Personal. In der Regel bestanden zwei Gleisbaurotten zu je zwölf Arbeitern für die Unterhaltungsabschnitte Gera-Pforten—Pölzig (Streckenmeisterei I) und Pölzig—Wuitz-Mumsdorf (Streckenmeisterei II). Diese Struktur bestand auch noch nach der Übernahme zur DR. Allerdings waren die Gleisbaurotten nun auf je acht Arbeiter, einschließlich Rottenmeister, verkleinert worden. Dem Streckenmeister war außer der Schmalspurbahn auch die Regelspur-

strecke Ronneburg—Meuselwitz zugeteilt. Von 1949 bis zum 31. Dezember 1955 gehörte die Schmalspurbahn zum Verwaltungsbereich der Bahnmeisterei Gera-Süd. Nach deren Auflösung am 1. Januar 1956 war die Bahnmeisterei Gera zuständig.

4.2. Hoch- und Kunstbauten

Erwähnenswert sind vor allem die Empfangsgebäude der Schmalspurbahn. Das repräsentative Bahnhofsgebäude von Gera-Pforten wurde dreistöckig ausgeführt und enthielt im Untergeschoß Dienst- und Warteräume (getrennt für Fahrgäste der 2. bzw. 3. Klasse), in den beiden Obergeschossen bis zum Jahre 1920 Wohnung und Büros für den örtlichen Betriebsverwalter. Ab 1921 richtete sich die Oberste Betriebsleitung in der vormaligen Wohnung ein. Zeitweise gab es in dem Gebäude sogar eine Gastwirtschaft. Der Baustil des Empfangsgebäudes war übrigens u. a. auch bei einem ähnlichen Bauwerk in Dessau bei der ehemaligen Dessau-Wörlitzer Eisenbahn zu finden.

Die zweistöckigen Empfangsgebäude von (Gera-) Leumnitz, Söllmnitz, Pölzig und Kayna waren baugleich ausgeführt. Im Untergeschoß befanden sich Dienst- und Warteräume, im Obergeschoß eine Wohnung für die Bahnbeamten. Dem

Bild 4.4.
Blick von der Straße aus: Das Gera-Reuss'er Empfangsgebäude um 1910.
Foto: Sammlung Heinrich

61

Bild 4.5.a—e
Empfangsgebäude Gera-
Pforten: Straßen- und
Bahnsteigaufsicht, Seiten-
und Grundrißdarstellung

Zeichnungen a—d siehe
Seiten 62 bis 66
Zeichnung: Taege

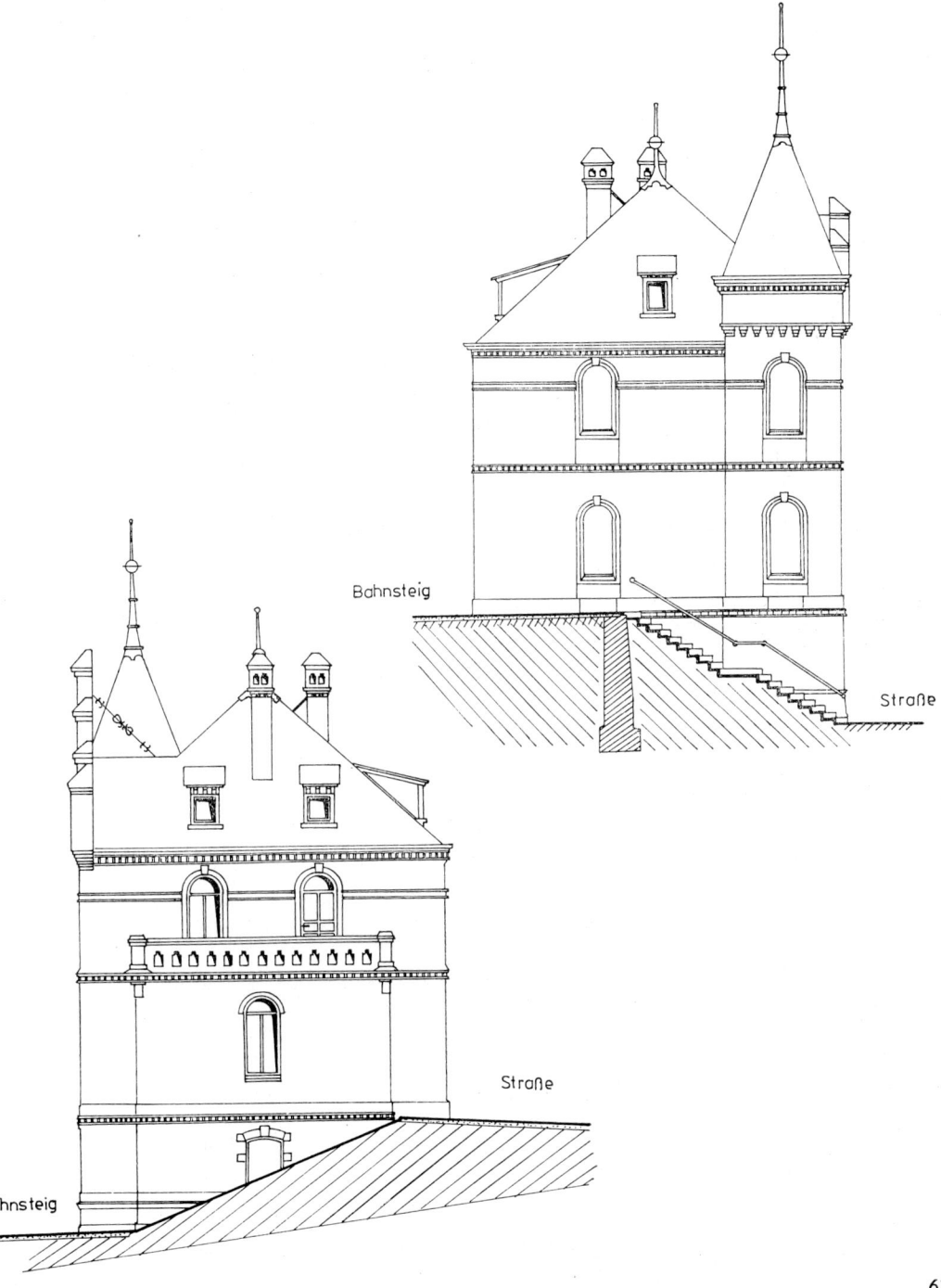

Bahnsteig

Straße

Straße

Bahnsteig

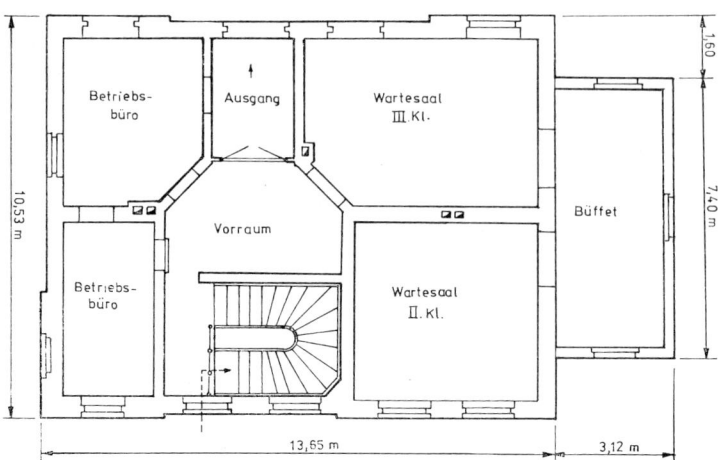

Bahnsteig

Betriebs-büro

Ausgang

Wartesaal
III. Kl.

Büffet

Vorraum

Betriebs-büro

Wartesaal
II. Kl.

10,53 m

1,60

7,40 m

13,65 m

3,12 m

Straße

Bild 4.6.
Empfangsgebäude
Kayna im Jahre 1968.
Foto: Taege

Hauptgebäude war ein Güterschuppen in Fachwerkbauweise für Stückgüter angeschlossen. Das im Originalzustand bis heute am besten erhalten gebliebene Gebäude dieser Bauart steht auf dem Gelände des ehemaligen Bf Gera-Leumnitz. Das zweistöckige Bahnhofsgebäude von Wuitz-Mumsdorf war größer dimensioniert, wies aber den gleichen Grundriß wie die zuvor beschriebenen Bahnhofsgebäude auf. Im Obergeschoß waren jedoch zwei Wohnungen für Bahnbedienstete untergebracht.

Die Haltestellen Trebnitz, Culm, Wernsdorf und Wittgendorf besaßen einheitlich ausgeführte einstöckige Empfangsgebäude mit je einem Dienst-

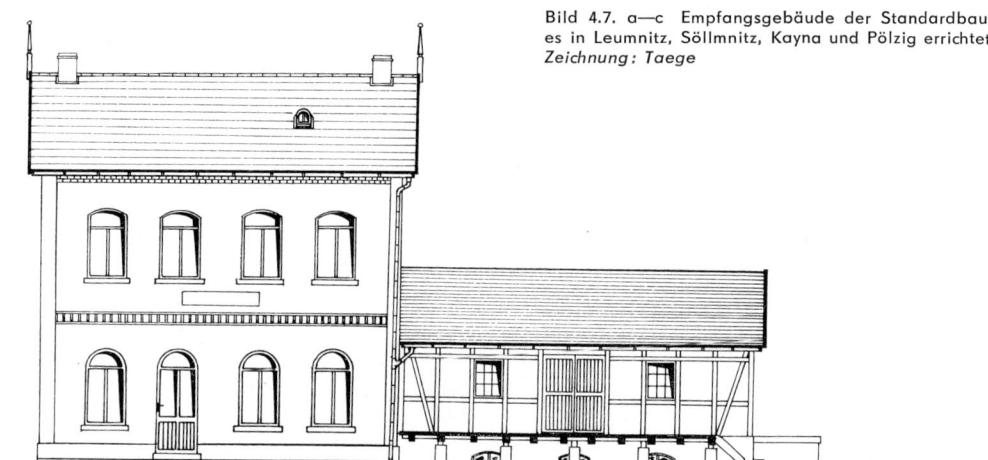

Bild 4.7. a—c Empfangsgebäude der Standardbauart, wie es in Leumnitz, Söllmnitz, Kayna und Pölzig errichtet wurde.
Zeichnung: Taege

Straße

Straße

Straße

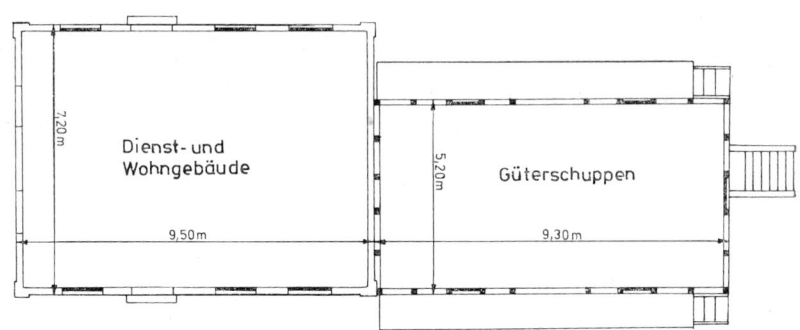

Dienst- und Wohngebäude

7,20 m

9,50 m

Güterschuppen

5,20 m

9,30 m

Bild 4.8.
Das Empfangsgebäude
Söllmnitz, 3. Mai 1969.
Foto: Taege

Bild 4.9.
Von der Straßenseite
aus fotografiert:
Empfangsgebäude
Gera-Leumnitz im Jahre
1982.
Foto: Taege

Bild 4.10.
Straßenseite des
Empfangsgebäudes
Wuitz-Mumsdorf. Im
Vordergrund das Gru-
benbahngleis, das die
BKW Zipsendorf I und
II miteinander verband.
Foto: Taege

und Warteraum. Und der Haltepunkt Oelsen erhielt vor dem Ersten Weltkrieg eine Wartehalle
aus Holz. Ein Anbau diente ab 1918 als Fahrkartenausgabe.

Das von der G. M. W. E. durchschnittene Terri-
torium erforderte keine übermäßigen Aufwendun-
gen für Kunstbauten. Mit nur fünf Brücken konnte
die Bahn drei Bachläufe überwinden.

Bild 4.11.
Bahnsteigseite des
Wuitz-Mumsdorfer
Empfangsgebäudes,
1968.
Foto: Taege

Bild 4.12.
Die Brücke über den
Brahmebach bei Brah-
menau.
Foto: Taege

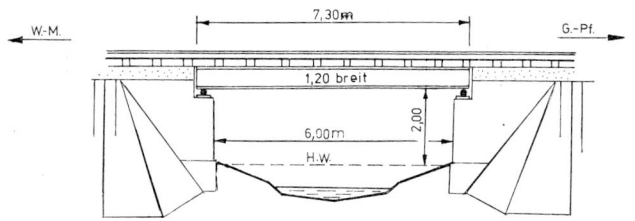

Bild 4.13.a—c
Die Brücken der G.M.W.E. bei Kilometer 9,250, 10,750 und 23,950.
Zeichnung: Taege

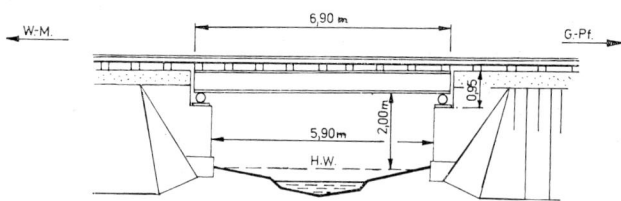

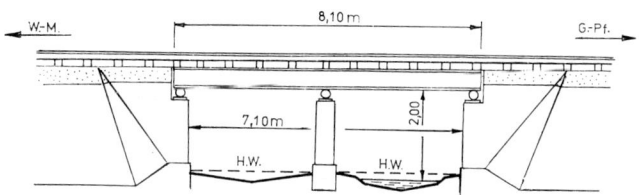

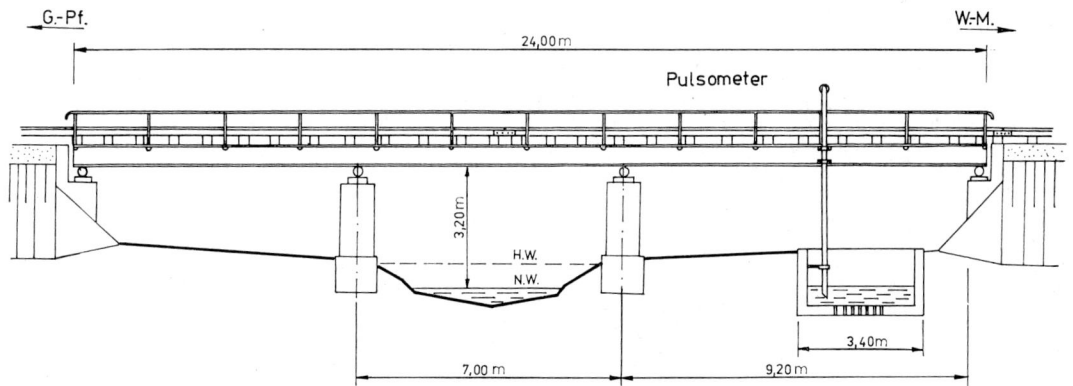

Bild 4.14. Die Brücke bei Zipsendorf bei Kilometer 28,900.
Zeichnung: Taege

69

Tabelle 4.5.
Die Brücken
der G.M.W.E.

Kilometer	Brückentyp	lichte Weite	Zahl der Öffnungen	überwundenes Gewässer
9,250	Kastenträgerbrücke	6	1	Brahmebach
10,750	Kastenträgerbrücke	6	1	Brahmebach
0,220	Kastenträgerbrücke	5	1	Rother Bach
23,950	Kastenträgerbrücke	8	1	Schnauderbach
28,900	Kastenträgerbrücke[1])	24	3	Schnauderbach

[1]) gemauerte Wasserkammer mit Saugrohranschluß am Brückengeländer, verwendbar bei zeitweiligen Grundwasserabsenkungen in den Tagebauen und daraus resultierenden Schwierigkeiten mit der Wasserversorgung der Pulsometerstation im Bf Wuitz-Mumsdorf

4.3. Sicherungsanlagen und Signalwesen

Die Art und Weise der Betriebsführung auf der G. M. W. E. rechtfertigte, daß Signalanlagen und Signaltafeln auf das Nötigste beschränkt werden konnten.
Die ersten Betriebsjahre verfügte der Anschlußbahnhof Wuitz-Mumsdorf schmalspurseitig über keine Sicherungsanlagen. Erst im Jahre 1918 mußten auf Forderung der Königlich Sächsischen Staatseisenbahn am Ostende des Bahnhofs ein Stellwerksgebäude (Stwz) errichtet, der Wegüber-

Bild 4.15 Vor dem Einfahrsignal des Schmalspurbahnhofs Wuitz-Mumsdorf.   Foto: Taege

gang im Bahnhofsbereich mit Schranken gesichert und am Einfahrgleis der Schmalspurbahn aus Richtung Gera ein Flügelsignal aufgestellt werden. Dieses einflügige Signal in Höhe der Schüttgutrampe wurde durch eine Kreuztafel angekündigt und blieb über den ganzen Betriebszeitraum das einzige Formsignal der Schmalspurbahn.

Selbst an der Einfahrt zum Bahnhof Gera-Pforten stand, ebenso wie vor den Kreuzungsbahnhöfen Gera-Leumnitz, Söllmnitz, Pölzig und Kayna, nur eine Trapeztafel (Signal So 5). Die Verständigung der Lokpersonale erfolgte durch Pfeifsignale. Bemerkenswert ist, daß bereits beim Bau der Strecke alle Weichen der Hauptgleise mit Weichensignalen ausgerüstet wurden, die bei Dunkelheit mit Petroleumlampen beleuchtet werden konnten. Die Weichensignale entsprachen bereits damals der standardisierten Bauform, wie sie heute bei der Deutschen Reichsbahn üblich ist. Auf dem Bf Gera-Leumnitz befanden sich neben jedem einzelnen Durchgangsgleis in jede Richtung H-Tafeln So 8.

Auf den Kreuzungsbahnhöfen und auf den Endpunkten der G. M. W. E. waren Hilfsweichensteller tätig. Alle Weichen und Gleissperren waren durch Handverschluß gesichert. Die erforderlichen Schlüssel führte das Zugpersonal mit sich. Private Anschlußgleise waren stets unter Verschluß zu halten und gegebenenfalls zusätzlich durch Sperrbäume zu sichern. Keinesfalls durfte der Schlüssel der Zweigweiche im Besitz des Anschlußgleisinhabers sein. Im Jahre 1965 waren auf den Nebengleisen der Bahnhöfe und Haltestellen noch 30 Gleissperren vorhanden. Der einzige mit Schranken gesicherte Wegübergang befand sich dabei im Bahnhofsbereich von Wuitz-Mumsdorf.

Die Bahnhöfe Gera-Pforten, Gera-Leumnitz, Trebnitz, Brahmenau, Söllmnitz, Pölzig, Kayna und Wuitz-Mumsdorf verfügten über eine elektrische Beleuchtung der Außenanlagen. 1917/1918 hatten die Bahnhöfe Kayna und Pölzig Elektroanschlüsse erhalten. Gera-Reuss war bereits 1914 oder 1915 angeschlossen worden.

Während des gesamten Betriebszeitraumes waren die einzelnen Betriebshaltestellen der Schmalspurstrecke über eine Telegrafenleitung verbunden (Überlandverkabelung mit zwei Leitungen).

5. Betriebshaltestellen und Anschlußgleise

5.1. Bahnhöfe und Haltestellen

Bahnhof Gera-Pforten (km 0,00)

Der Bahnhof war der wichtigste der G. M. W. E. und trug bis 1919 den Bahnhofsnamen Gera-Reuss. Bei der Betriebsaufnahme im Jahre 1901 waren an baulichen Anlagen vorhanden: ein dreistöckiges Bahnhofsgebäude, ein freistehender Güterschuppen, ein freistehendes Abortgebäude, ein Lokschuppen für vier Lokomotiven mit Wasserreservoir, ein Wasserkran, ein Kohlebansen, ein Holzschuppen und eine gepflasterte Ladestraße. Die beiden Gütergleise der Verbindungsbahn konnten wegen der beengten Platzverhältnisse nur über eine „Spitzkehre" durch Kopfmachen

der Übergabeeinheit erreicht werden. Diese Gleise waren mit Fahrleitung überspannt. Vor dem Bahnhofsgebäude auf der Straßenseite befanden sich eine Ausweiche und ein Anschlußgleis der Verbindungsbahn.
Die vermehrte Kiesverfrachtung der Kaynaer Quarzwerke GmbH. machte es schon im Jahre 1908 notwendig, erweiterte Lagermöglichkeiten auf dem Gelände des damaligen Bf Gera-Reuss zu schaffen. Zu diesem neuen Lagerplatz wurde ein Anschlußgleis gebaut, das am 1. April 1908 in Betrieb genommen wurde (Gleis 8). In der Folgezeit richteten die Kaynaer Quarzwerke ihr „Contor" auf dem Bahnhofsgelände ein und ließen eine Straßenwaage mit Wiegehäuschen errichten. Die zweite Gleiswaage im Bahnhofsbereich ge-

Bild 5.1. Lageplan Bf Gera-Pforten, Stand 1952.
Zeichnung: Taege nach Liegenschaftsdienst Gera

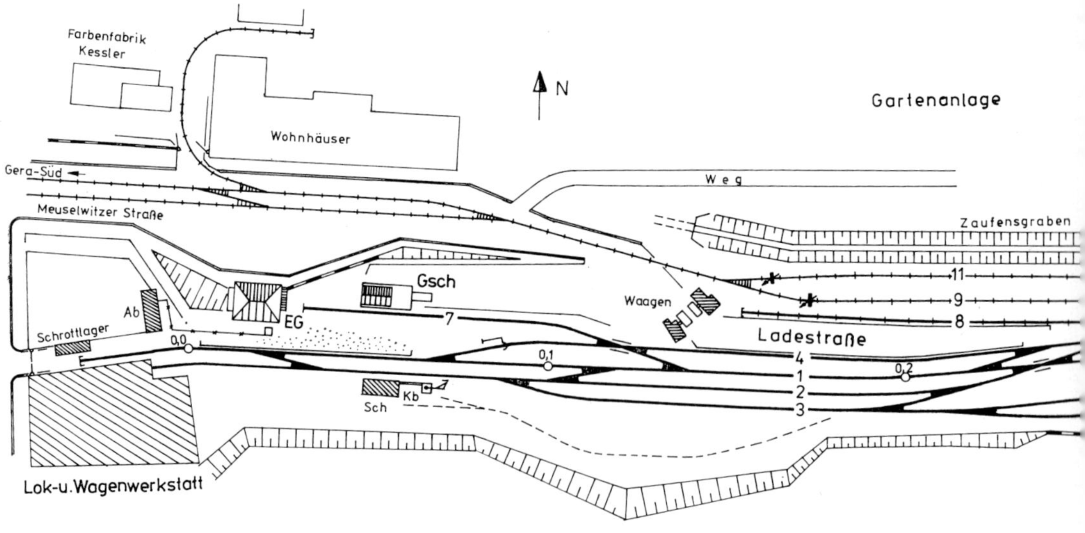

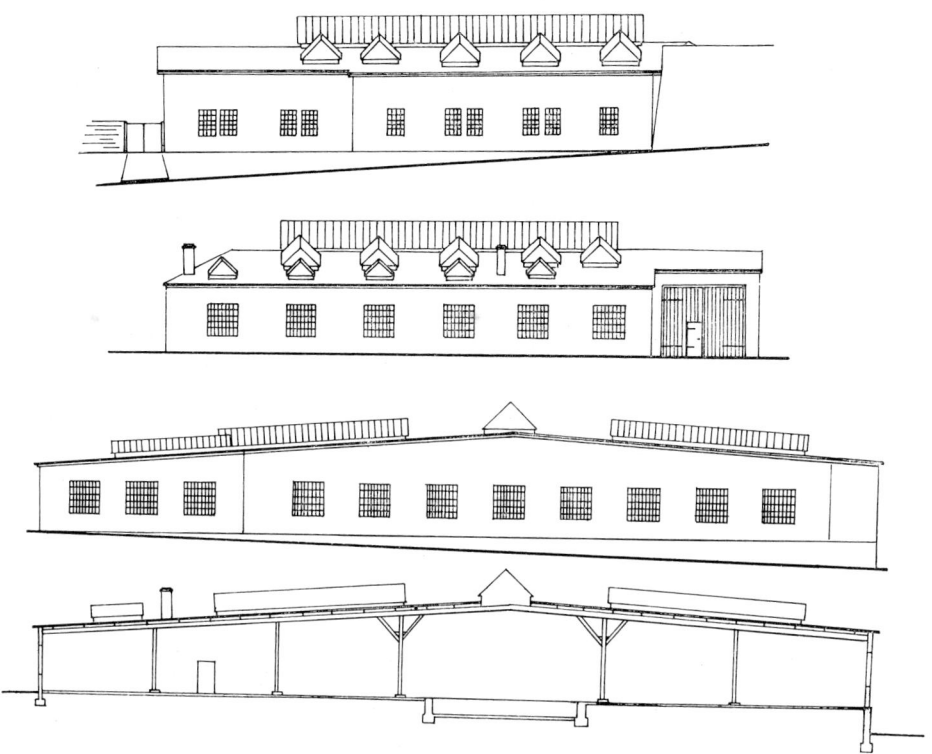

Bild 5.2. Die Bahnwerkstatt in Gera-Pforten, Zustand 1922: Straßen-, Ost- und Nordansicht, Schnitt und Grundriß.
Zeichnung: Taege

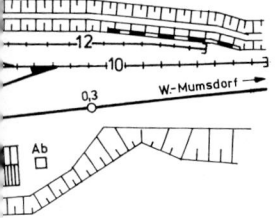

—— G. M. W. E.
—+— Verbindungsbahn
—·— Schlackebahn

hörte der Mitteldeutschen Kohlenhandels-Gesellschaft.

Etwa im Jahre 1912 wurde gegenüber dem Güterschuppen ein massiver Kohlelagerschuppen für die Betriebsvorräte errichtet, an dem sich ein Kohlebansen mit einem Ladekran von der Firma Schnipf & Söhne, Schafstädt, anschloß.

Zu dieser Zeit gab es bereits am südlichen Ende des Bahnhofs eine kleine Bahnreparatur-Werkstatt, die jedoch den wachsenden Bedürfnissen bald nicht mehr genügte. Gerade nach dem Ende des Ersten Weltkrieges, als eine werkstattmäßige Durcharbeitung der Betriebsmittel erforderlich geworden war, mußten die Instandsetzungsarbeiten teilweise im Freien durchgeführt werden. Das Geraer Konsortium ließ deshalb eine großflächige Bahnwerkstatt errichten, die am 1. April 1923 in Betrieb genommen wurde. Im Innern des Gebäudes befand sich eine Schiebebühne von 8,55 m Breite, die über zehn Gleisstände lief. Im Zuge dieses Neubaues wurden die Gleisverbindungen im Vorfeld der Werkstatt umgestaltet.

Für den Schienenbus richtete man in Höhe des

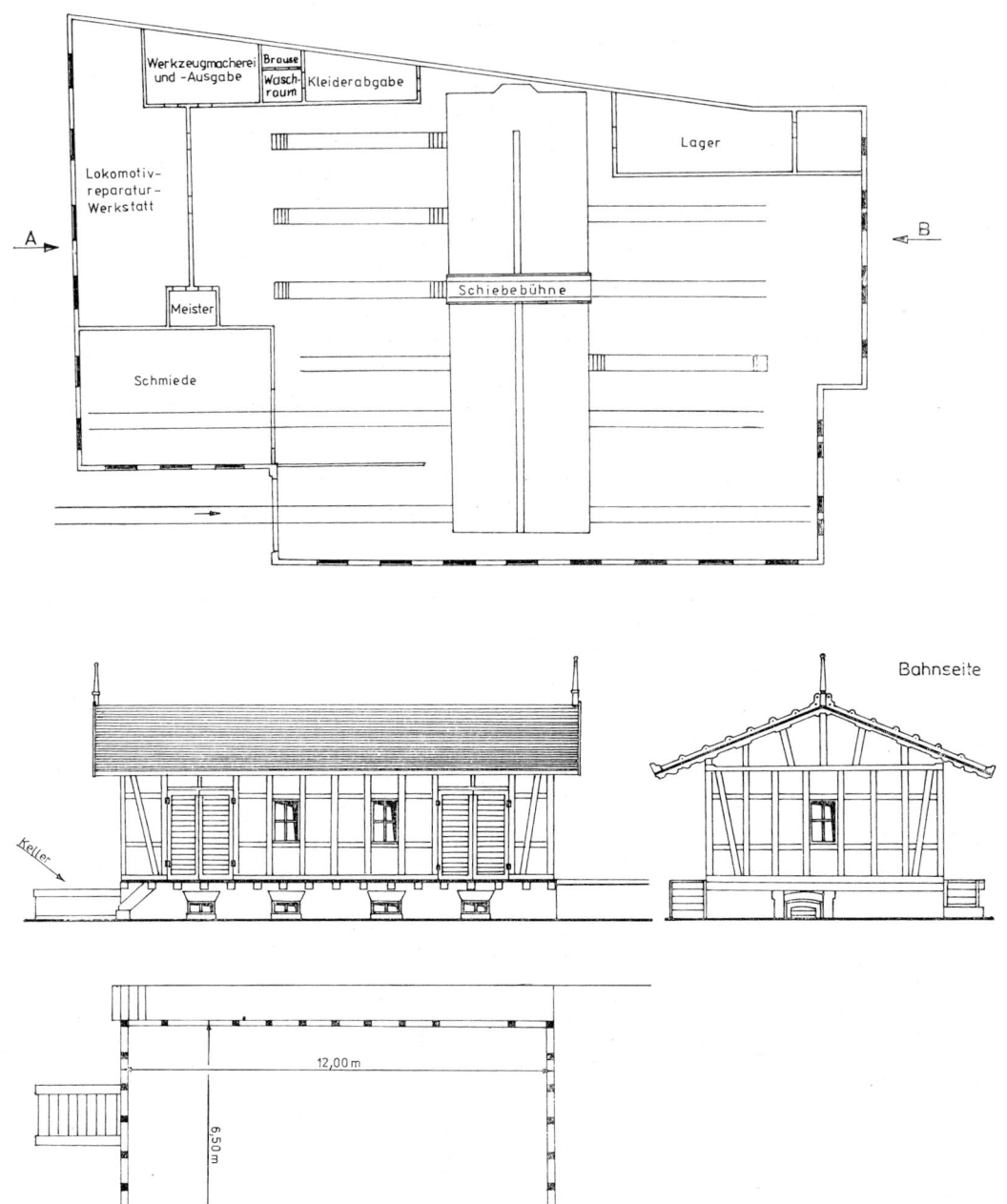

Bild 5.3.
Güterschuppen in Gera-Pforten.
Zeichnung: Taege

Bild 5.4.
Lokschuppen in Gera-Pforten. 1968.
Foto: Taege

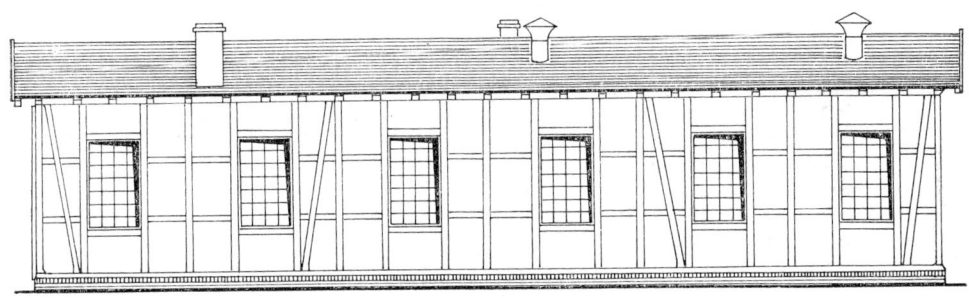

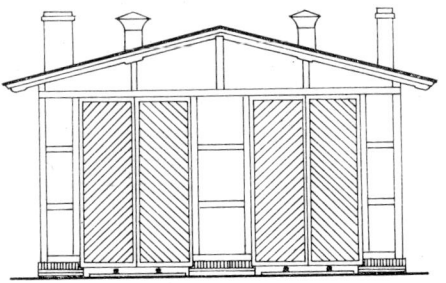

Bild 5.5.a und b Lokschuppen im Bf Gera-Pforten.
Zeichnung: Taege

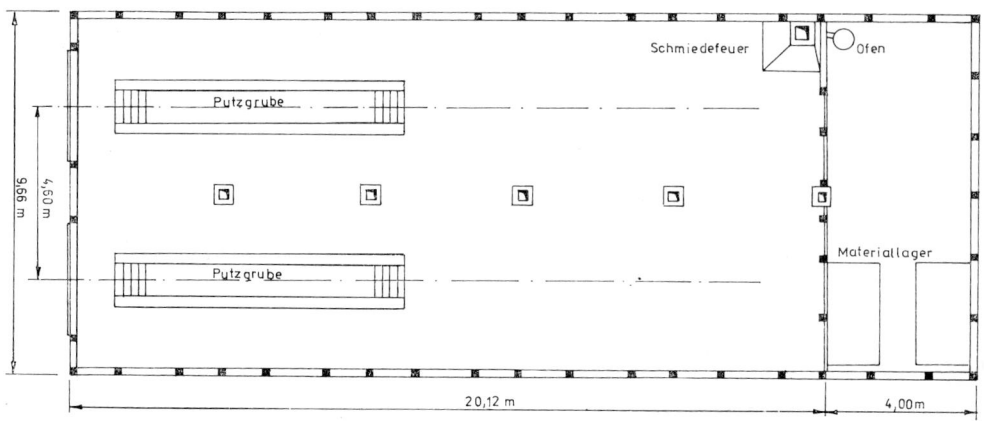

Empfangsgebäudes eine Wendestelle ein, die jedoch nur bis 1950 bestehen blieb. Beim Wenden wurden die Hinterräder des Fahrzeugs auf eine Scheibe gefahren, während die Vorderräder durch eine Hebevorrichtung gehoben und mit dem Vorderteil im Halbkreis um die Hinterachse geschwenkt wurden. In den Betriebspausen war der Wagen in der Bahnwerkstatt untergebracht. Und vom Entschlackungsgleis der Dampflokomotiven führte ein Feldbahngleis zu einem östlich des Bahnhofs gelegenen Schlackeplatz. Der Betrieb erfolgte mit Hunten von Hand.

Nach Betriebseinstellung und Gleisabbau wurde auf dem Gelände ein Busdepot der Geraer Verkehrsbetriebe eingerichtet. Die ehemalige Bahnwerkstatt mit der Schiebebühne ist noch heute in veränderter Form in Nutzung. Das vormalige Verwaltungsgebäude war noch 1985 in äußerlich unveränderter Form erhalten.

Bahnhof Gera-Leumnitz (km 2,96)

Bis zum Jahre 1919 wurde der Bahnhof nur mit „Leumnitz" bezeichnet. Er stellte eine Art Reserve-Hauptbahnhof dar. Die vier Durchgangsgleise ermöglichten Zugkreuzungen. Die relativ umfangreichen Gleisanlagen resultierten aus dem Verkehrsaufkommen der beiden nahegelegenen Privatanschlüsse, d. h. den Gera-Culmer Kalkwerken und den Ziegeleien.

Zwischen den Bahnhöfen Gera-Pforten und Gera-Leumnitz gab es wegen des bestehenden Anschluß- und Übergabeverkehrs mehr Zugfahrten, als auf der restlichen Bahnstrecke.

Die Firma Vering & Waechter eröffnete im Jahre 1903 an der Ladestraße ein Privatanschlußgleis (Gleis 5) und baute einen Lagerschuppen, den in späteren Jahren die Kohlehandlung Schmidt übernahm.

Im Jahre 1921 ließ der Besitzer einer nahegelegenen Gewehrkolbenfabrik auf der Ladestraße einen Schwenkkran aufstellen, der zur Entladung von Holzstämmen diente.

An baulichen Anlagen besaß der Bahnhof weiterhin — außer dieser Ladestraße — ein zweistöckiges Bahnhofsgebäude (heute als Wohnhaus genutzt) mit angeschlossenem Güterschuppen.

Nach Ende des Zweiten Weltkrieges endete der Rollwagenverkehr hier in Gera-Leumnitz.

Haltestelle Trebnitz (km 5,29)

Diese Haltestelle besaß ein mittels zweier Weichen angebundenes Nebengleis, an dem eine beschotterte Ladestraße lag. Von diesem Gleis wurde im Jahre 1936 ein Ladegleis zur Baustelle der Autobahn abgezweigt, das parallel der Bahnstrecke verlief und nach Beendigung der Bauarbeiten wieder aufgenommen wurde. Ein ähnliches Gleis, das jedoch direkt vom Streckengleis ab-

Bild 5.6. Lageplan Bf Gera-Leumnitz, Stand 1967.
Zeichnung: Taege, nach eigener Aufmessung

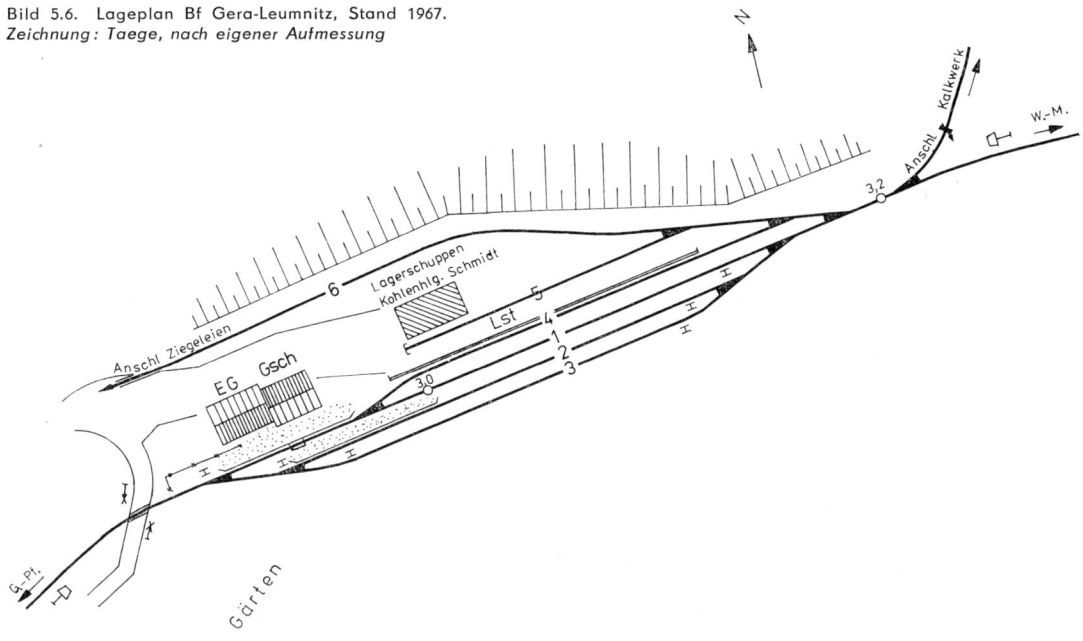

Bild 5.7.
Die Gleisanlagen des
Bahnhofs Gera-Leum-
nitz im Jahre 1967.
Foto. Kieper

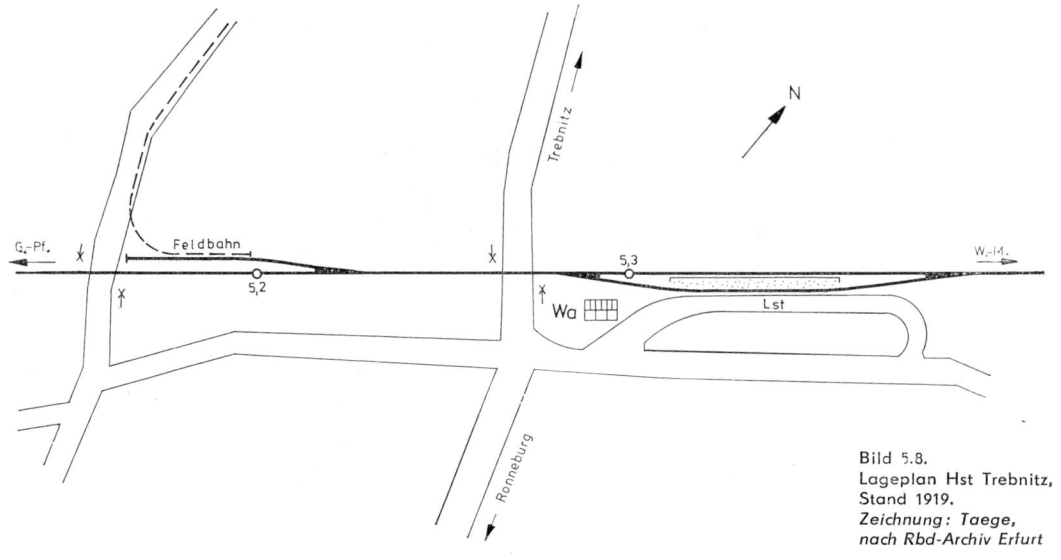

Bild 5.8.
Lageplan Hst Trebnitz,
Stand 1919.
*Zeichnung: Taege,
nach Rbd-Archiv Erfurt*

Bild 5.9.
Weiterfahrt, wenn die
Kühe den Bahnüber-
gang passiert haben:
Die Lok 99 183 mit Per-
sonenzug in der Halte-
stelle Trebnitz im Jahre
1967.
Foto: Wünschmann

zweigte und im selben Jahr wieder abgebaut wurde, legte man 1920 beim Bau der Brahmetal-straße weiter südlich an.

Die Haltestelle besaß ein Wartehäuschen mit Dienstraum sowie ab 1914 ein freistehendes Abortgebäude. Der Bahnsteig lag zu ebener Erde. Das Inventar zur Fahrkartenausgabe wurde 1918 beschafft.

Bild 5.10.
Pendler aus Gera verlassen den Nachmittagszug im Haltepunkt Schwaara.
Foto: Kieper

Bild 5.11.
Kurzer Aufenthalt im Haltepunkt Brahmenau-Süd, 1968.
Foto: Heinrich

Haltepunkt Schwaara (km 7,00)

Der Haltepunkt wurde erst 1956 nach der verwaltungsmäßigen Übernahme der Strecke zur DR eingerichtet. Fälschlicherweise erfolgte in den Fahrplanausdrucken von 1956 bis 1969 die Entfernungsangabe mit 6,0 km, ausgehend von Gera-Pforten.

Der Haltepunkt, nach dessen Eröffnung ein kleines massives Wartehäuschen am Bahnsteig errichtet wurde, diente ausschließlich dem Personenverkehr.

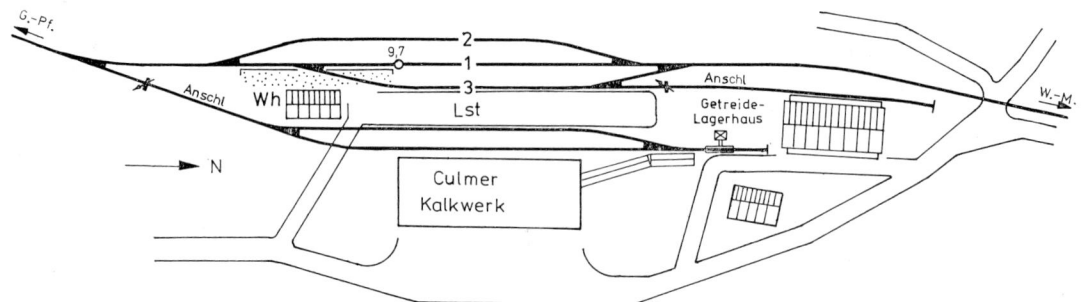

Bild 5.12. Lageplan Bf Brahmenau, Stand 1927.
Zeichnung: Taege, nach Rbd-Archiv Erfurt

Bild 5.13. Blick auf die Gleisanlagen im Bahnhof Brahmenau, 1967.
Foto: Kieper

Haltepunkt Brahmenau-Süd (km 8,70)

Diese Betriebsstelle wurde bis zur Verwaltungs-
reform im Jahre 1952 als Haltepunkt Zschippach
bezeichnet. Er besaß lediglich einen Bahnsteig zu
ebener Erde sowie ein kleines Wartehäuschen
und hatte nur Bedeutung für den Personenverkehr. Die Fahrkartenausgabe war ab 1918 möglich. Die Güteranschlußstelle der Gera-Zschip-
pacher Kalkwerke befand sich weiter südlich beim
Kilometer 8,50.

Bahnhof Brahmenau (km 9,67)

Der Bahnhof trug bis 1936 die Bezeichnung
„Culm". Bei der Betriebseröffnung im Jahre 1901
besaß er lediglich ein Nebengleis, das durch zwei
Weichen an das durchgehende Hauptgleis angebunden war. Bedingt durch die Eröffnung der
Culmer Kalkwerke, wurde im Jahre 1902 ein 170 m
langes Umsetzgleis gebaut. Das Kalkwerk besaß
ein eigenes Anschlußgleis.
Außer für die Industrie hatte der Bahnhof auch

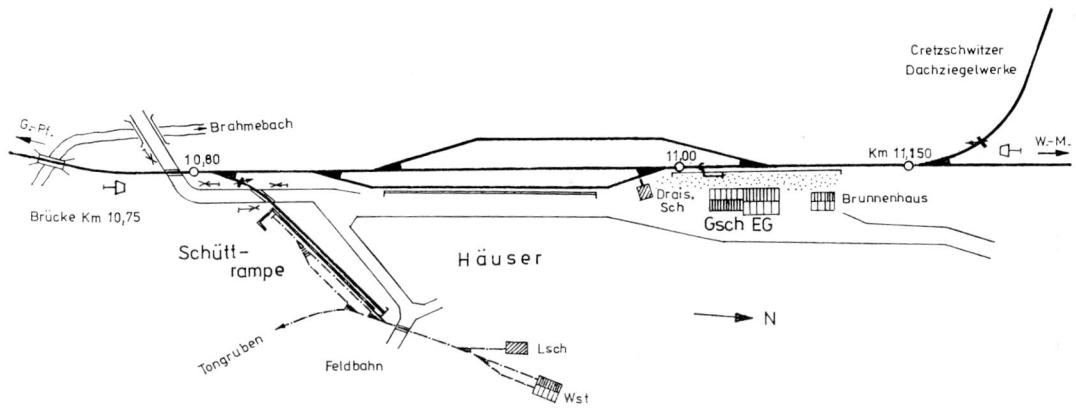

Bild 5.14.
Lageplan Bf Söllmnitz,
Stand 1967.
*Zeichnung: Taege, nach
eigener Aufmessung*

Bild 5.15.
1967 im Bahnhof Söllm-
nitz: Rechts die Verla-
destelle für Tonerde der
Dachziegelwerke
Cretzschwitz.
Foto: Kieper

für die Landwirtschaft Bedeutung. Während der Zeit des Ersten Weltkrieges wurden von dort aus große Mengen Getreide an die Militär- und Kreisbehörden versandt. Die Thüringer Hauptgenossenschaft errichtete deshalb im Jahre 1919 ein Getreide-Lagerhaus, welches nach 1950 von der BHG übernommen wurde. Zu diesem Gebäude wurde ein etwa 60 m langes Privatanschlußgleis gelegt und am 17. Juli 1919 in Betrieb genommen. Bereits vorher, im Jahre 1914, hatte die Station ein freistehendes Abortgebäude erhalten. 1918

wurde das Inventar zur Fahrkartenausgabe beschafft.
Bis zum Jahre 1944 erfolgte die Bedienung des Getreide-Lagerhauses im Rahmen des Rollwagenverkehrs.

Bahnhof Söllmnitz (km 11,02)

Die Bedeutung des Bahnhofes lag hauptsächlich in seiner Funktion als Trennungsbahnhof für die abzweigende Strecke zur Dachziegelfabrik „Reu-

Bild 5.16.
So sieht das ehemalige Bahnhofsgebäude Söllmnitz heute aus: Es ist Teil der Sport- und Freizeitanlage des Ortes.
Foto: Heinrich

ßengrube" (ab 1949 VEB Cretzschwitzer Dachziegelwerke).

Außer den vorhandenen drei Durchgangsgleisen besaß der Bahnhof ab 1921 ein Anschlußgleis, das der „Reußengrube" gehörte und sich neben einer Hochrampe befand. Die oben stehenden Loren einer 600-mm-Feldbahn, die von den östlich Söllmnitz gelegenen Grubenfeldern der „Reußengrube" beladen ankamen, schütteten ihren Tonmergel-Inhalt in die unten stehenden Werkswagen des Anschlußnehmers.

An weiteren baulichen Anlagen besaß der Bahnhof:

ein zweigeschossiges Empfangsgebäude mit angeschlossenem Güterschuppen,

ein Brunnenhaus mit Wasserreservoir,

einen Wasserkran,

einen Draisinenschuppen mit der Draisine der Bahnmeisterei,

eine beschotterte Ladestraße und

den erhöht angeordneten Bahnsteig.

Nach Stillegung der Schmalspurbahn wurde hier in den Jahren 1974 bis 1976 unter Einbeziehung des einstigen Bahnhofsgebäudes ein Sport- und Freizeitkomplex errichtet. Das „Gasthaus zur alten Eisenbahn" beherbergt eine Gaststätte, Kulturräume, Kegelbahn und geschmackvolle Außenanlagen. Für den Eisenbahnfreund wird der aufgestellte Schmalspurzug — der zwar nichts mit der ehemaligen G. M. W. E. zu tun hat, aber trotzdem sehenswert ist — besonders interessieren. Er besteht aus der zuletzt vom Bw Mügeln betreuten Lok 99 555, den vierachsigen Reisezugwagen ex Nr. 970-397 (letzter Heimat-Bf Cranzahl) und ex Nr. 970-415 (letzter Heimat-Bf Kirchberg).

Haltestelle Wernsdorf (km 13,00)

Die Bedeutung dieser Haltestelle lag in der Nutzung für den landwirtschaftlichen Güterumschlag. An das durchgehende Hauptgleis war mittels zweier Weichen ein Nebengleis angebunden, an dem auch die beschotterte Ladestraße lag.

Das Wartehäuschen besaß einen Dienstraum, der Bahnsteig lag zu ebener Erde. Fahrkarten konnten ab 1918 ausgegeben werden.

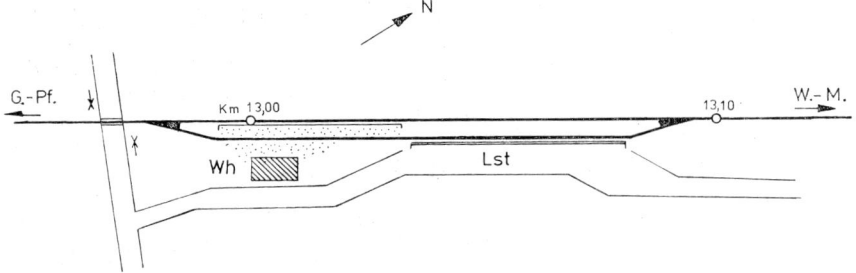

Bild 5.17.
Lageplan Hst Wernsdorf, Stand 1967.
Zeichnung: Taege, nach eigener Aufmessung

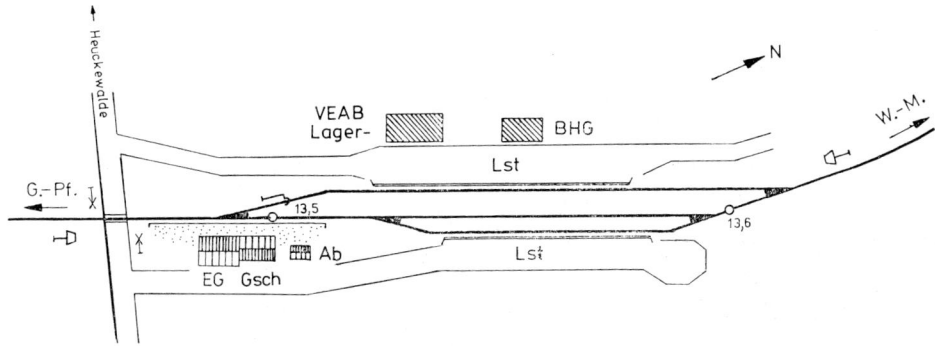

Bahnhof Pölzig (km 15,28)

Bild 5.18. Lageplan Bf Pölzig, Stand 1967.
Zeichnung: Taege, nach eigener Aufmessung

Hier begannen und endeten Züge, außerdem fanden Zugkreuzungen statt. Während der Zeit des Triebwageneinsatzes existierte in diesem Bahnhof eine Wendeeinrichtung. Bedeutung hatte Pölzig haupsächlich für die Landwirtschaft. Daneben bezog auch die Kohlehandlung Wesser ihre Produkte über die Schmalspurbahn. Sie besaß ein eigenes Werksladegleis im Bahnhof.

An baulichen Anlagen waren vorhanden:
ein zweistöckiges Empfangsgebäude (heute Wohnhaus) mit angeschlossenem Güterschuppen,
ein freistehendes Abortgebäude,
eine Freiladestraße und
ein Wasserkran.

Bild 5.19.
Die Gleisanlagen des Pölziger Bahnhofs, 1967.
Foto: Kieper

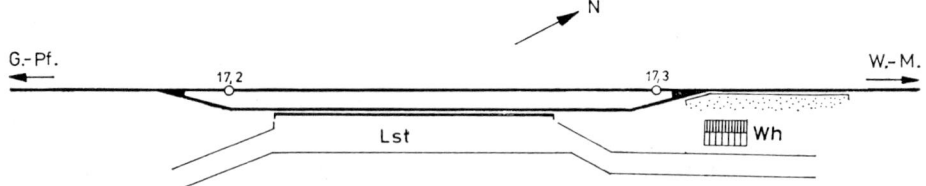

Bild 5.20.
Lageplan Hst Wittgendorf,
Stand 1967.
*Zeichnung: Taege,
nach eigener Aufmessung*

Bild 5.21.
Das Empfangsgebäude der
Haltestelle Wittgendorf, 1967.
Foto: Heinrich

Nach der Inbetriebnahme einer Ortswasserleitung 1919 war aus betrieblichen Gründen eine Wasserstation auf dem Bahnhofsgebäude angelegt worden.

Bild 5.22. Lageplan Bf Kayna, Stand 1913.
Zeichnung: Taege, nach eigener Aufmessung

Haltestelle Wittgendorf (km 17,38)

Die Haltestelle besaß ausschließlich Bedeutung für die Landwirtschaft — insbesondere in der Zeit nach 1950, als die BHG Wittgendorf gegründet worden war. Anfuhr und Versand erfolgten mit der Schmalspurbahn.

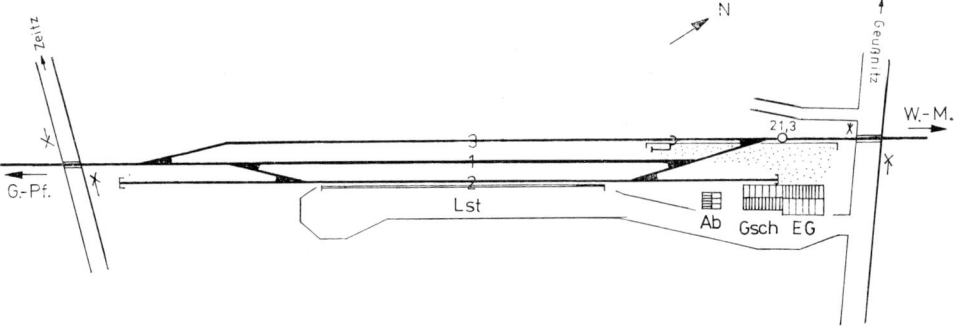

Bild 5.23.
Im Haltepunkt Oelsen:
Personenzug nach Gera, 1968.
Foto: Taege

Mit zwei Weichen war das Nebengleis an das durchgehende Hauptgleis angeschlossen. Die Haltestelle besaß ein Wartehäuschen mit Dienstraum (ab 1918 Fahrkartenausgabe) und einen Bahnsteig zu ebener Erde. Die Ladestraße war beschottert und erhöht.

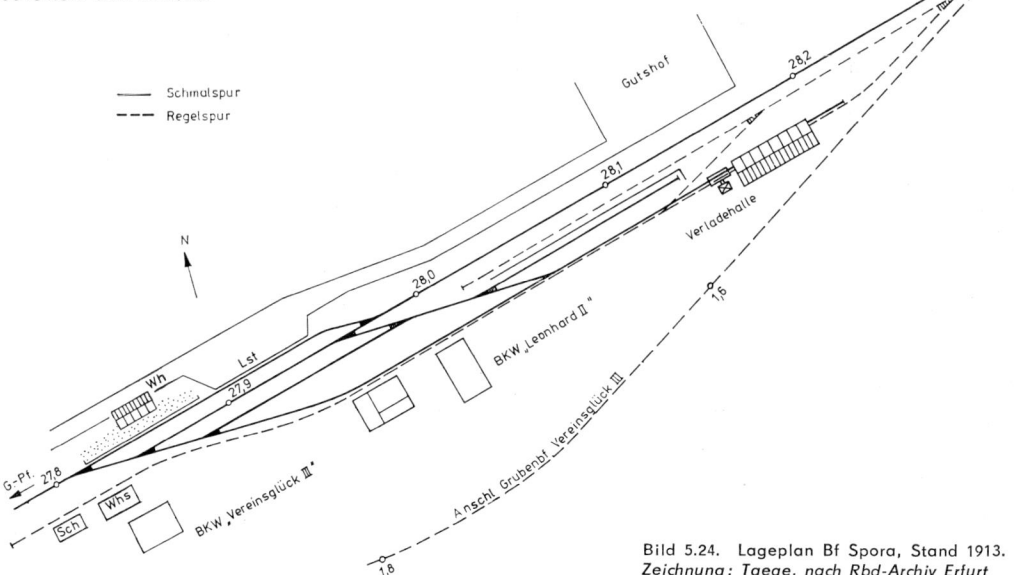

Bild 5.24. Lageplan Bf Spora, Stand 1913.
Zeichnung: Taege, nach Rbd-Archiv Erfurt

Bild 5.25.
Das Empfangsgebäude Spora im Jahre 1968: Von der einstigen Größe dieses Bahnhofs ist kaum noch etwas zu erkennen.
Foto: Heinrich

Bahnhof Kayna (km 21,30)

Der Bahnhof besaß große Bedeutung für die Landwirtschaft. Insbesondere landwirtschaftliche Massengüter, wie Futterrüben und Kartoffeln, traten von dort aus ihre Reise zu den Verbrauchern an. Außer den drei Durchgangsgleisen waren zwei Stumpfgleise vorhanden. Eines davon führte direkt an den Güterschuppen, der dem zweistöckigen Empfangsgebäude (heute Wohnhaus) angeschlossen war.
Zur weiteren Ausstattung des Bahnhofs gehörten ein freistehendes Abortgebäude, eine Ladestraße und ein Bahnsteig. Ein Wasserkran stand zwischen Gleis 1 und 3.

Haltepunkt Kaynaer Quarzwerke (km 24,20)

Dieser Haltepunkt hatte lediglich Bedeutung als Bedarfs-Haltestelle für die Beschäftigten der Kaynaer Quarzwerke. Der Güterverkehr in dieser Betriebsstelle lief bereits seit 1907. Personenverkehr gab es seit dem 17. Juli 1908 nach Anlage eines 30 m langen Bahnsteiges.

Haltepunkt Oelsen (km 26,80)

Der Haltepunkt hatte nur Bedeutung für den Personenverkehr. Oelsen besaß ein Wartehäuschen mit Dienstraum (ab 1918 Fahrkartenausgabe), das etwa 1955 abgerissen wurde. Seit dieser Zeit bestand der Haltepunkt nur noch aus einem Bahnsteig zu ebener Erde.

Bahnhof Spora (km 27,84)

Spora war die Betriebsstelle, die ihr Aussehen während der 68 Betriebsjahre der Schmalspurbahn am auffälligsten verändert hatte. Solange das ansässige Braunkohlenwerk „Leonhard II" (nach 1949 „VEB Zipsendorf II") produziert hatte, dominierte der Güterumschlag in diesem Bahnhof. Verladen wurden in der Hauptsache Braunkohlebriketts für die an der Bahnstrecke liegenden Gemeinden und die Stadt Gera.
Die von Meuselwitz kommende 1,6 km lange regelspurige Anschlußbahn traf hier mit der G. M. W. E. zusammen. Mittels Dreischienengleisen wurden beide Spurweiten an die für die Brikettverladung wichtigsten Einrichtungen herangeführt. Dazu gehörten eine Verladehalle, eine Gleiswaage und, innerhalb von „Leonhard II", eine Kohlenbunkeranlage.
Das regelspurige Stumpfgleis im BKW „Leonhard II" wurde im Jahre 1914 um 156 m verlängert, um dem benachbarten BKW der Grube „Vereinsglück III" noch einen zusätzlichen Eisenbahnanschluß zu ermöglichen. Vom Sporaer Grubenbahn-

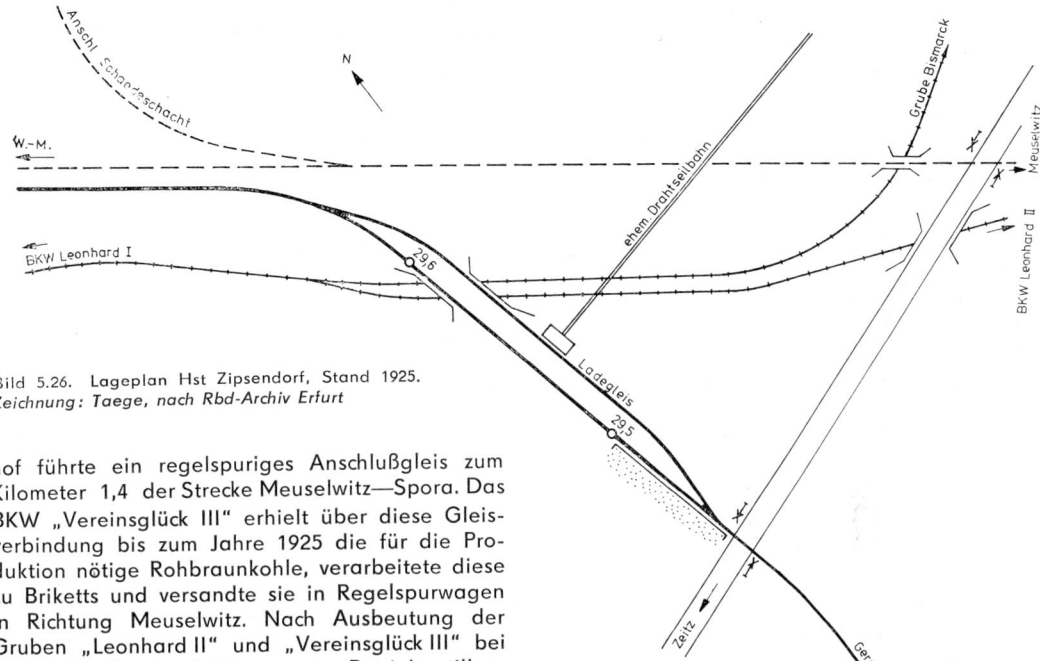

Bild 5.26. Lageplan Hst Zipsendorf, Stand 1925.
Zeichnung: Taege, nach Rbd-Archiv Erfurt

hof führte ein regelspuriges Anschlußgleis zum Kilometer 1,4 der Strecke Meuselwitz—Spora. Das BKW „Vereinsglück III" erhielt über diese Gleisverbindung bis zum Jahre 1925 die für die Produktion nötige Rohbraunkohle, verarbeitete diese zu Briketts und versandte sie in Regelspurwagen in Richtung Meuselwitz. Nach Ausbeutung der Gruben „Leonhard II" und „Vereinsglück III" bei Spora wurde der letztgenannte Betrieb stillgelegt. Das BKW „Leonhard II" bekam 1926 durch die Anlage der Großraum-Förderbahn Anschluß an die Grube „Fürst Bismarck" und damit wieder Rohbraunkohle, so daß die Produktion bis 1962 aufrecht erhalten werden konnte.

Bis zu dieser Zeit fanden sich im Bereich des Bahnhofs Spora drei Bahnanlagen mit unterschiedlichen Spurweiten: mit 1 435, 1 000 und 900 mm (elektrisch betriebene Grubenbahn). Der G. M. W. E.-Bahnhof Spora verfügte außerdem über ein Wartehäuschen mit Dienstraum, einen Bahnsteig zu ebener Erde und eine beschotterte Ladestraße.

Schon vor der Produktionsstillegung des BKW „Zipsendorf II" wurde ein Teil der regel- und schmalspurigen Gleisanlagen abgebaut. Deshalb waren im Jahre 1967 die Gleisanlagen der Schmalspurbahn auf ein mit zwei Weichen an das Hauptgleis angeschlossenes Nebengleis und ein Stumpfgleis, welches zur Verladehalle führte, zusammengeschrumpft. Die Regelspurbahn besaß ebenfalls nur noch ein Gleis mit Zielrichtung Verladehalle. Beide Spurweiten lagen nebeneinan-

Bild 5.27. Empfangsgebäude Zipsendorf.
Foto: Heinrich

Bild 5.28 Lageplan Bf Wuitz-Mumsdorf, Stand 1925.
Zeichnung: Taege, nach Rbd-Archiv Halle

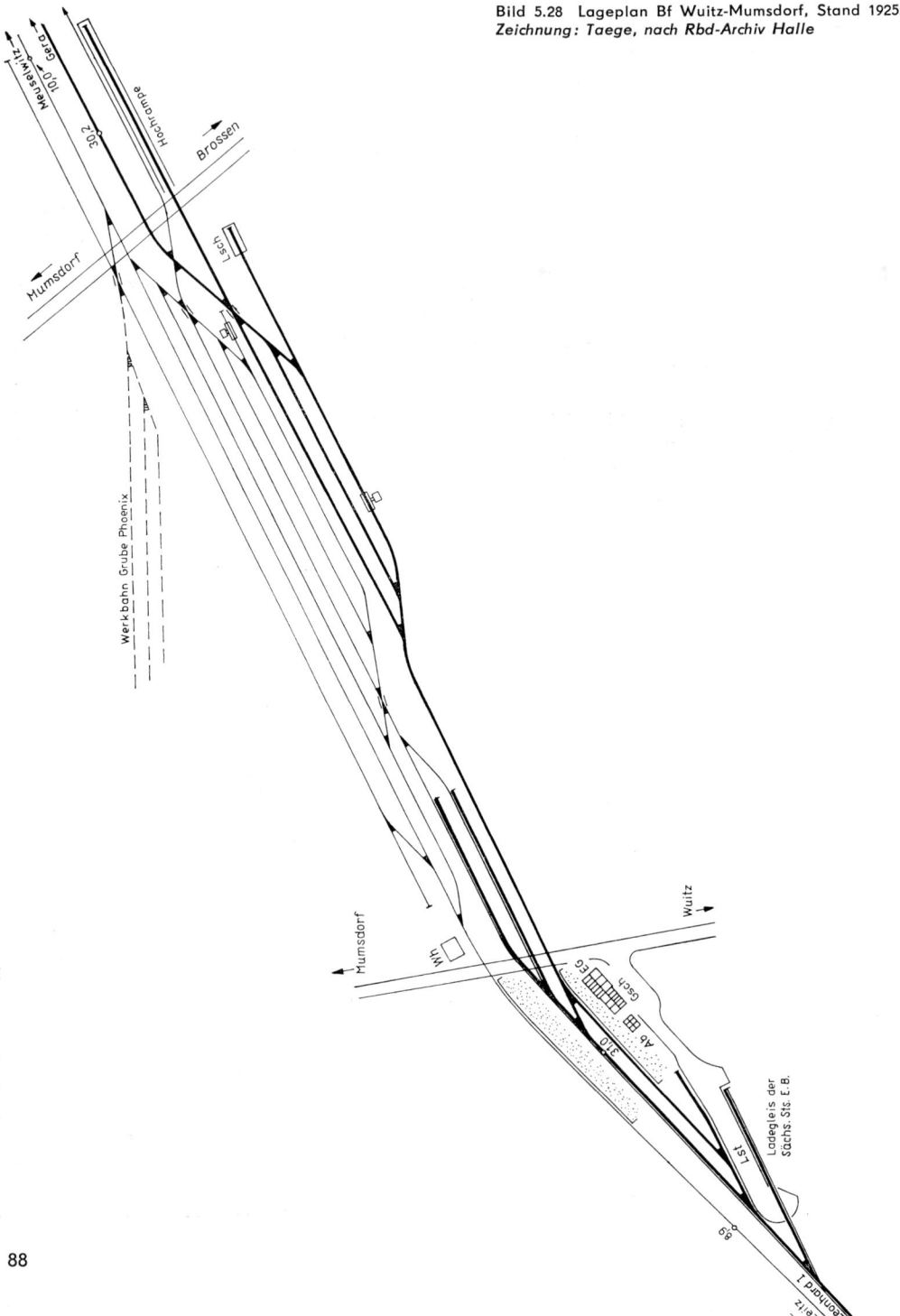

Bild 5.29.
Im Bahnhof Wuitz-Mumsdorf. Blick vom Bahnsteig in Richtung Zipsendorf.
Foto: Heinrich

der. Bis zur Errichtung einer Aufrollrampe im Bahnhof Wuitz-Mumsdorf durch die Deutsche Reichsbahn erfolgten alle Zu- und Abgänge von Betriebsmitteln der G. M. W. E. unter Verwendung eines Dampfkranes über diese nebeneinander liegenden Gleise beider Spurweiten.

Haltepunkt Zipsendorf (km 29,50)

Im Jahre 1901 als Haltepunkt angelegt, entwikkelte sich Zipsendorf nach Anlage eines 160 m langen Ladegleises für die Grube „Fürst Bismarck" im Jahre 1903 zu einer Betriebsstelle mit erheblichem Güteraufkommen. Am 28. Mai 1903 nahm die Grube eine zwischen ihrem BKW und der Station Zipsendorf angelegte 1 250 m lange Drahtseilbahn in Betrieb. In der BKW-Ladestelle, über die Gera Kohle erhielt, wurde ein großer hölzerner Kohlebunker errichtet. 1915 brannte er völlig ab.

Zur Erleichterung des Ladegeschäfts wurde auf dem Haltepunkt am 4. September 1909 eine Rangiervorrichtung in Betrieb genommen. Dazu war der zuvor zwischen den Gleisen liegende Bahnsteig auf die westliche Seite des Hauptgleises verlegt worden.

1926 eröffnete die Leonhard-Werke AG ihre Großraum-Förderbahn. Der Haltepunkt Zipsendorf wurde an seinem nördlichen Ende von ihr unterquert und war damit für den Umladebetrieb entbehrlich geworden. Die erwähnte Drahtseilbahn wurde stillgelegt und demontiert. Die G. M. W. E. baute noch vor dem Zweiten Weltkrieg das Ladegleis ab.

Von der DR wurde noch ein massives Wartehäuschen in offener Bauweise errichtet und damit die 1918 aufgestellte Wellblechbude ersetzt.

Bahnhof Wuitz-Mumsdorf (km 30,98)

Dieser Bahnhof war die Haupt-Übergangsstelle zur Staatsbahn. Das Terrain an der Nebenbahn Zeitz—Meuselwitz—Altenburg (zwischen den Kilometern 8,8 und 10,0) war der G. M. W. E. im Jahre 1900 überlassen worden. Die Staatsbahn unterhielt im Jahre 1901 bei Kilometer 9,0 ihrer Strecke lediglich einen Haltepunkt für den Personenverkehr. Für den Güterverkehr gab es bei Kilometer 9,5 einige Gleise, die dem Übergangsverkehr mit der G. M. W. E. dienten. Doch durch Einbeziehung ehemaliger Übergabegleise der Grube „Phönix AG" und der Anlage eines zweiten Streckengleises Zeitz—Meuselwitz—Altenburg zwischen 1926 und 1928 nahm der regelspurige Teil des Bahnhofs Wuitz-Mumsdorf recht beachtliche Ausmaße an.

Durch eine Gleisvereinigung beider Spurweiten in der Nähe des von der G. M. W. E. errichteten Empfangsgebäudes führte seit 1901 ein Dreischienengleis zum etwa 1 km entfernten BKW der Grube „Leonhard I" bei Wuitz.

Die erste Erweiterung der Gleisanlage im Schmalspurteil fand im Jahre 1903 statt: Auf Verlangen der Staatsbahn errichtete die G. M. W. E. am Westende ihres Bahnhofes eine Ladeplatzanlage mit einem Dreischienengleis.

89

Bild 5.30.
Dreischienengleise im
Bahnhof Wuitz-Mums-
dorf. Das Gleis in
Blickrichtung führte zum
BKW Zipsendorf I.
Foto: Taege

Bild 5.31.
Die Hochrampe im
Bahnhof Wuitz-Mums-
dorf.
Foto: Heinrich

An baulichen Anlagen waren zu jener Zeit vorhanden: ein zweigeschossiges Bahnhofsgebäude mit angebautem Güterschuppen, ein freistehendes Abortgebäude, ein Lokschuppen für zwei Stände mit angeschlossenem Übernachtungslokal und Pulsometer-Wasserstation, eine Centesimalwaage, ein Kohlebansen mit Holzschuppen und ein Wasserkran. Zur Zeit des Schienenbuseinsatzes wurde auf dem Gleis vor dem Lokschuppen eine Wendeeinrichtung unterhalten.

Personen- und Güterbahnhof waren durch einen anfangs unbeschrankten Verbindungsweg, der die Ortschaften Wuitz und Mumsdorf miteinander verband, getrennt. Am Ostende des Bahnhofs war im Jahre 1902 eine Hochrampe in Betrieb genommen worden, die das Umladen von gelöschtem Kalk aus den oben aufgestellten Kalkdeckelwagen der G. M. W. E. in die unten aufgestellten Staatsbahn-Güterwagen mittels Schwerkraft ermöglichte. Über dieser Rampe wurde 1906 eine Umladehalle mit Windschutzwand errichtet.

Im Bahnhof Wuitz-Mumsdorf wurden das zweite Streckengleis der Strecke Zeitz—Meuselwitz—Altenburg sowie ein Teil der regelspurigen Bahnhofsgleise nach dem Zweiten Weltkrieg als Reparationsleistung für die Sowjetunion demontiert. Die Deutsche Reichsbahn legte zur Überführung der Schmalspurfahrzeuge etwa 1950 eine Aufrollrampe an. Damals wurde von Osten her dreischienig ein 900-mm-Grubenbahngleis an die Hochrampe in das Regelspurgleis eingeführt. Dort

erfolgte bis etwa 1965 die Übernahme von Filterkies aus dem Kaynaer Quarzwerk für ein Zipsendorfer Kraftwerk auf die Grubenbahn. Erwähnt sei noch, daß sich die Hauptwerkstatt der elektrisch betriebenen Grubenbahn in halber Entfernung zwischen dem Schmalspurbahnhof Wuitz-Mumsdorf und dem BKW „Leonhard I" befand.

5.2.   Anschlußgleise

Die Anlage der Privatanschlußgleise an die G. M. W. E. war im wesentlichen bis 1907 abgeschlossen. Bis zum Jahre 1933 hatte die G. M. W. E. ständig 14 private Anschließer. Erst nach Übernahme der G. M. W. E. durch die Deutsche Reichsbahn ging die nun schon leicht reduzierte Anzahl stärker zurück. Zum Schluß blieb nur noch das Anschlußgleis zu den Kaynaer Quarzwerken.

Ziegelwerke Leumnitz/Ziegelwerke Gebr. Sommermeyer und W. Scheibe (km 2,90)

Vom Bahnhof Gera-Leumnitz ausgehend führte das Anschlußgleis — ständig im Gefälle — auf der linken Seite der Wuitzer Straße entlang. Etwa

Bild 5.32 Lageplan der Anschlußstellen bei Gera-Leumnitz, Stand 1930.   *Zeichnung: Franz*

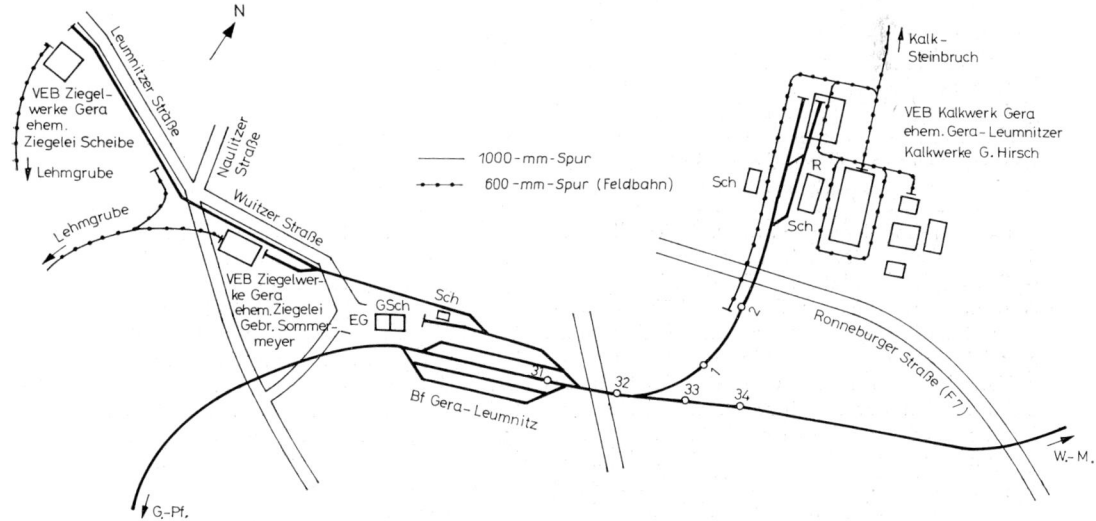

Tabelle 5.1. Anschlußgleis von 1901 bis 1969

Anschlußstelle	Lage der Anschlußweiche (km)	Anschlußgleisnutzlänge (m)	Bezeichnung des Gleisanschlusses[4]	Betriebsdauer
Gera-Pforten	A/0,00[1]	9 500[3]	Anschluß Geraer Straßenbahn, mit weiteren 28 Gesamtanschlüssen	8. November 1910 bis 9. Februar 1963
Gera-Leumnitz	2,90[1]	100	Ziegelwerke Gebrüder Sommermeyer	1. März 1902 bis 1965
	2,90[1]	650	Ziegelwerke Wilhelm Scheibe	1. März 1902 bis 1965
	3,20[2]	360	Kalkwerk Georg Hirsch	1. Juli 1902 bis 1967
Brahmenau Süd (Zschippach)	8,40[2]	150	Kalksteinverladestelle Zschippach	16. Juni 1904 bis 1950
			Gera-Culmer Kalkwerk in Zschippach, Inhaber Wilhelm Körting und Georg Hirsch	2. Juli 1912 bis 1950
Brahmenau	9,58[2]	170	Gera-Culmer Kalkwerk G.m.b.H., Inhaber Wilhelm Körting	16. Juli 1902 bis 1933
	9,70[1]	70	Thüringer Hauptgenossenschaft	17. Juli 1919 bis 1963
Söllmnitz	10,85[1]	55	Tongrube Söllmnitz	1. März 1921 bis 3. Mai 1969
	11,15[1]	2 040	Reußengrube AG	12. Dezember 1901 bis 3. Mai 1969
		50	Ladegleis Gemeinde Cretzschwitz (km 1,60 auf Anschl. Reußengrube)	6. Mai 1905 bis 1960
Kayna	24,12 bis 24,32	200	Kaynaer Quarzwerke	1. Juli 1908 bis 28. Dezember 1969
	24,65[2]	650		1901 bis 30. Juni 1908
Spora	27,90[1]	200	Brikettfabrik „Leonhard II"	1903 bis 31. Dezember 1965
Zipsendorf	29,50[1] bis 29,66	160	Braunkohlengrube „Fürst Bismarck" (über Kettenförderbahn)	1903 bis 1915
Wuitz-Mumsdorf	30,80[1]	50	Anschluß Grubenbahn über Schüttgutrampe	etwa 1950 bis 1960
	31,55[1]	750	Brikettfabrik „Leonhard I"	12. November 1901 bis 1966

[1] Anschlußweiche im Bahnhofsbereich
[2] Anschlußweiche auf freier Strecke
[3] Gesamtstreckennetz der Straßenbahn
[4] Bezeichnungen, wie sie bis 1945 benutzt wurden

250 m vom Bahnhof entfernt befand sich die Anschlußweiche der Ziegelei Gebr. Sommermeyer. Das Stumpfgleis endete im Fabrikhof an einer Seitenrampe, welche der Fußbodenhöhe aufgebockter Regelspurgüterwagen entsprach. Über dem Gleis war eine Krananlage installiert, um das Verladen von Kohle und Ziegelsteinen zu erleichtern. Von der Anschlußweiche dieser Verladestelle noch etwa 200 m stadteinwärts, unmittelbar an der Straßenkreuzung Wuitzer/Naulitzer Straße, befand sich eine weitere Verladestelle der Fa. Sommermeyer. Von hier aus erfolgte der Versand von Lehmkies. Außerdem verluden dort die Tischlerei Schmidt (Gewehrkolbenfabrik) und die Kohlehandlung Weise — beide ansässig in der Wuitzer Straße (die dann in ihrer Weiterführung über die Kreuzung hinaus Leumnitzer Straße heißt). Dort endete das Anschlußgleis neben dem Lagerschuppen der Ziegelei Wilhelm Scheibe. Beide Leumnitzer Ziegelwerke erhielten noch bis ins Jahr 1965 Briketts über die Schmalspurbahn zugeführt. Die Abfuhr von Ziegeln ist allerdings bereits mit Stillegung des Rollwagenverkehrs eingestellt worden.

Bild 5.33.
Lagerhalle und Gleis-
anschluß des VEB Zu-
schlagstoffe und Natur-
steine Gera.
Foto: Link

Kalkwerk Leumnitz/Kalkwerke Georg Hirsch
(km 3,20)

In Gera-Leumnitz gab es weiterhin das Anschlußgleis zum Kalkwerk der Firma Hirsch. Dieses Kalkwerk war das größte aller drei Kalkwerke, die
Anschluß an die Schmalspurstrecke Gera-Pforten—
Wuitz-Mumsdorf hatten.
Die Gleisanlagen im Werkgelände bestanden aus
einem Zuführungs- und einem Abholgleis. Im
Jahre 1911 baute man zu den hinter dem Werk
gelegenen Kalksteinbrüchen eine 600-mm-Feld-
bahn. Die Beförderung der Wagen erfolgte mittels einer Benzollokomotive. Eine Seilzuganlage
übernahm die Verschiebung der Schmalspurgüterwagen auf dem Anschlußgleis.
Erst im Jahre 1968 wurde der Versand aus dem
Kalkwerk Leumnitz ganz auf die Abfuhr mit Last-
kraftwagen umgestellt.

Kalkwerk Zschippach/Kalksteinverladestelle
Zschippach und Gera-Culmer Kalkwerk zu
Zschippach, Inhaber W. Körting und G. Hirsch
(km 8,40)

Der Standort des im Jahre 1912 eröffneten Zschippacher Kalkwerkes lag neben dem im Jahre 1904
eröffneten Anschlußgleis für die Kalksteinverladung, direkt an den Kalksteinbrüchen bei Zschippach. Der Gleisanschluß Kalkwerk Zschippach be-

stand aus zwei Stumpfgleisen. Ein 30 m langes
Stumpfgleis endete an einer Seitenrampe, von der
über Rutschen die Beladung der Wagen erfolgte.
Als die G. M. W. E. in den 30er Jahren zwischen
den Kilometern 8,3 und 8,7 eine Streckenbegradi-
gung vornahm, wurde ein nicht mehr benötigtes
Stumpfgleis für die Kalksteinverladung des ehemaligen Culmer Kalkwerkes abgebaut. Das
Zschippacher Kalkwerk war noch bei Übernahme
der G. M. W. E. durch die DR in Betrieb. Heute
befindet sich dort ein Lagerplatz.

Kalkwerk Culm/Gera-Culmer Kalkwerk G. m. b. H.,
Inhaber Wilhelm Körting (km 9,58)

Das Kalkwerk Culm, unmittelbar am Bahnhof
Culm (später Brahmenau) gelegen, erhielt im
Jahre 1902 Anschluß an die G. M. W. E. Der Kalkstein für das Culmer Kalkwerk wurde ständig aus
den Kalksteinbrüchen bei Zschippach bezogen und
bis zur Produktionseinstellung 30 Jahre lang mit
G. M. W. E.-Güterwagen transportiert. In den
letzten Monaten des Zweiten Weltkriegs waren in
den Gebäuden des Culmer Kalkwerkes Werkzeug-
maschinen Zeitzer Großbetriebe eingelagert, um
sie vor einer möglichen Zerstörung zu bewahren.
Auf dem Gelände des ehemaligen Culmer Kalkwerkes befindet sich heute ein Betriebsteil des
VEB Meliorationsbau Gera.

93

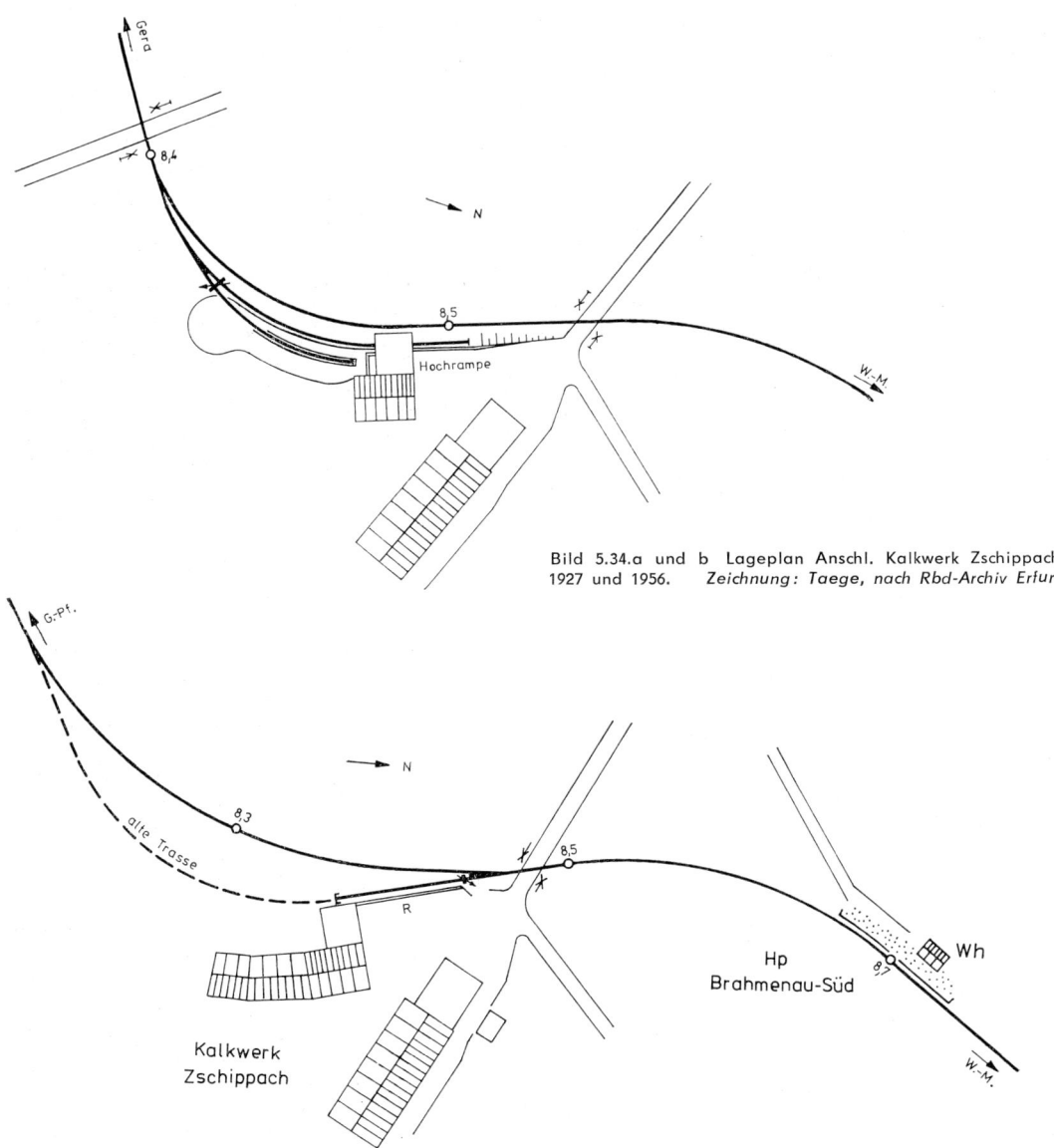

Bild 5.34.a und b Lageplan Anschl. Kalkwerk Zschippach
1927 und 1956.   *Zeichnung: Taege, nach Rbd-Archiv Erfurt*

BHG Brahmenau/Thüringer Hauptgenossenschaft
(km 9,70)

Ebenfalls am Bahnhof Culm bzw. Brahmenau
befand sich seinerzeit ein 60 m langes Anschlußgleis zu einem später von der BHG genutzten
Lagerschuppen. Das Gleis bestand vom Jahre
1919 bis zum Jahre 1969. Die Bedienung dieses
Anschlußgleises wurde jedoch bereits mit der
Stillegung des Rollwagenverkehrs im Jahre 1963
eingestellt.

Bild 5.35.
Ladestelle der Dachziegelwerke Cretzschwitz im Bahnhof Söllmnitz, 1967.
Foto: Kieper

Tongrube Söllmnitz (km 10,85)

Im Zuge der Produktionserweiterung der Dachziegelfabrik „Reußengrube" erfolgte im Jahre 1920 am Bahnhof Söllmnitz der Neuaufschluß einer im Tagebau betriebenen Tongrube. Die Tongrube wurde im folgenden Jahr durch ein Anschlußgleis mit der G. M. W. E. verbunden. Der Transport des Tons war fortan Aufgabe der G. M. W. E. Für den Transport des Tons aus der Grube zur Verladestelle am Bahnhof Söllmnitz stand eine 600-mm-Grubenbahn mit Feldbahnloren zur Verfügung, die bis zur Verwendung einer Deutz-Diesellok ab dem Jahre 1930 mit Pferden gezogen worden war. Das Umladen des Schiefertons auf dem Anschlußgleis erfolgte per Hand. Eine Schüttgutrampe ist erst später gebaut worden.

Zweiggleisanlage „Reußengrube"/Reußengrube AG (km 11,15)

In den Berichten zum Bahnbau und der Eröffnung der G. M. W. E. werden nur zwei Anschlüsse erwähnt. Bereits am 8. November 1901 war der Anschluß an das Straßenbahnnetz der Stadt Gera nahe des Bahnhofs Gera-Pforten fertiggestellt worden. Vier Wochen nach Betriebseröffnung, am 12. Dezember 1901, folgte das 2,04 km lange Anschlußgleis vom Bahnhof Söllmnitz zur „Reußengrube". Deren damals noch bescheidene Produktionsanlagen erfuhren durch den Eisenbahnanschluß eine sprunghafte Entwicklung. Bereits im Jahre 1904 mußten die Gleisanlagen im Werkgelände um eine zweite Drehscheibe und ein Ladegleis erweitert werden. Aus einem am Werk gelegenen Tagebaugelände wurde Lehm und Ton mit Pferdefuhrwerken angefahren.

Als durch den Ersten Weltkrieg bedeutende Dachziegelfabriken im damaligen Ostpreußen zerstört wurden, begann für die „Reußengrube" eine neue Etappe ihrer Entwicklung. Im Jahre 1918 wurde neben der bisherigen Produktion von Spaltklinkern auch die Dachziegel- und Fliesenproduktion aufgenommen. Die „Reußengrube" entwickelte sich zu einem der größten deutschen Dachziegelwerke. Über 350 Arbeitskräfte produzierten in vier Ringöfen „Pfalzdachziegel" und „Bieberschwänze". Weithin sichtbar kündeten sechs hohe Schornsteine von der Größe des Werkes.

Die Produktionsanlagen der „Reußengrube" wurden 1945 teilweise demontiert. Bereits im Jahre 1947 konnte jedoch die Produktion im VEB Dachziegelwerk wieder aufgenommen werden. Sie wurde bis zur Stillegung der Schmalspurstrecke Gera-Pforten—Wuitz-Mumsdorf weiter betrieben. Die Bedienung des Anschlußgleises erfolgte seit dem Jahre 1901 ständig vom Bahnhof Söllmnitz aus während der durchgehenden Zugfahrten von Wuitz-Mumsdorf nach Gera-Pforten bzw. umgekehrt. Die im Fahrplan für die Bedienung des An-

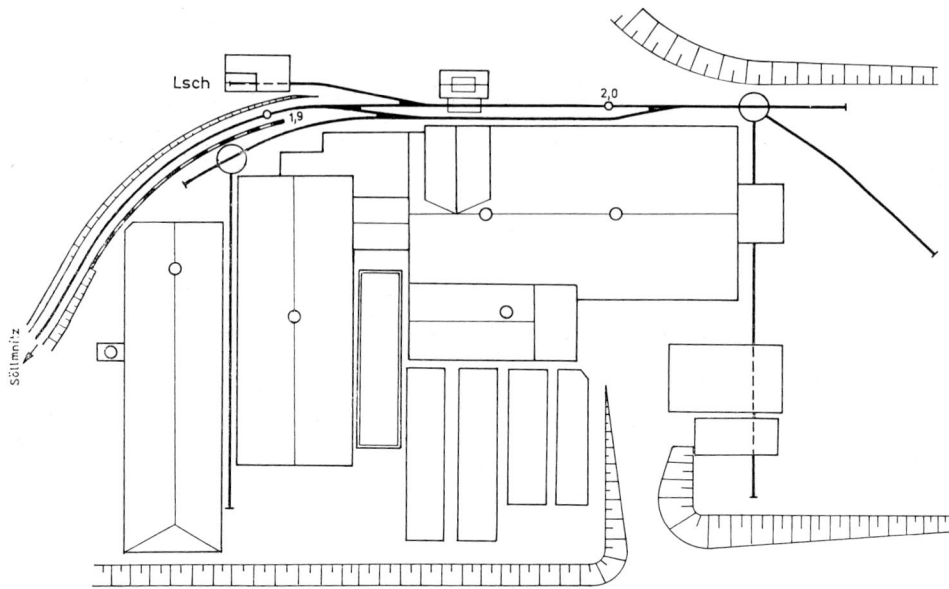

Bild 5.36. Lageplan Anschl. Reußengrube, Stand 1935.
Zeichnung: Taege, nach Rbd-Archiv Erfurt

Bild 5.37. Die Reußengrube bei Cretzschwitz.
Foto: Sammlung Franz

Bild 5.38.
Kippwagen für Tonerde, wie sie vom Dachziegelwerk auf der Anschlußbahn nach Söllmnitz bis zur Betriebseinstellung verwendet wurden. Eine Aufnahme von 1967.
Foto: Heinrich

schlußgleises vorgesehenen Züge Nr. 313 und 317 hatten im Bahnhof Söllmnitz eine längere Aufenthaltszeit.

Besonders bei der Mitführung von Personenwagen wurde dieser Rangierhalt ständig zur Geduldsprobe der Fahrgäste. Erst als nach 1945 die Deutsche Reichsbahn die Betriebsführung übernahm, konnten durch eine neue Fahrplanstruktur diese langen Aufenthalte entfallen. Von diesem Zeitpunkt an bis zur Betriebseinstellung erfolgte die Bedienung des Bahnhofes Söllmnitz durch Rangierzüge vom Bahnhof Gera-Pforten aus. Als der VEB Dachziegelwerk Cretzschwitz ab 1956 die Betriebsführung auf dem Anschlußgleis mit Diesellokomotiven selbst übernahm, wurden die für das Anschlußgleis bestimmten Wagen im Bahnhof Söllmnitz von der Lokomotive durchgehender Züge nur noch bereitgestellt bzw. abgeholt.

Die Lokomotiven der G. M. W. E. hatten das Anschlußgleis zur „Reußengrube" täglich dreimal bedient — vormittags gegen 11.00 Uhr und nachmittags zwischen 17.00 und 18.00 Uhr. Als betriebliche Besonderheit ist bemerkenswert, daß die Wagen bei der Überführung vom Bahnhof Söllmnitz zur „Reußengrube" geschoben wurden. Auf dem ersten Wagen befand sich der Zugführer mit einer Handglocke. Vor Wegübergängen hatte er durch Läuten auf die Zugfahrt aufmerksam zu machen. Da die Zweigstrecke Söllmnitz—„Reußengrube" auf 1 500 m ein Neigungsverhältnis von durchschnittlich 1:40 aufwies, konnten von den Lokomotiven aus Gründen der Betriebssicherheit

nur jeweils sechs Güterwagen befördert werden. Dabei mußten je zwei Wagen mit einem Bremser besetzt sein.

Auch die Beförderung der werkseigenen Ot-Wagen mit Schieferton vom Abbaugebiet am Bahnhof Söllmnitz zur „Reußengrube" war, da sämtliche Züge „handgebremst" gefahren wurden, eine aufwendige Angelegenheit. Wegen der besonderen Betriebsverhältnisse auf diesem Anschlußgleis konten sich auch die 1961 beschafften Diesellokomotiven vom Typ V 10 C nicht bewähren. So mußten die Dampflokomotiven der Schmalspurbahn Gera-Pforten—Wuitz-Mumsdorf dann wieder zeitweise die Bedienungsfahrten zum Dachziegelwerk übernehmen. Wegen des relativ schwachen Oberbaus auf dem Anschlußgleis zur „Reußengrube" wurden für diese Bedienungsfahrten meist nur Mallet-Lokomotiven verwendet. Den stärkeren Lokomotiven oblag der Streckendienst.

Ladegleis Gemeinde Cretzschwitz

Im Jahre 1905 wurde, 400 m vor der „Reußengrube" in Höhe der Ortschaft Cretzschwitz, ein Ladegleis für die Gemeinde Cretschwitz eröffnet. Auf diesem sehr kurzen Stumpfgleis konnten nur drei zweiachsige Güterwagen bereitgestellt werden. Eine quer über das Gleis gelegte Schiene diente als Gleissperre. Als im Jahre 1956 das Dachziegelwerk die Verbindungsstrecke Bahnhof Söllmnitz—Dachziegelwerk übernahm, wurde das Ladegleis stillgelegt und abgebaut.

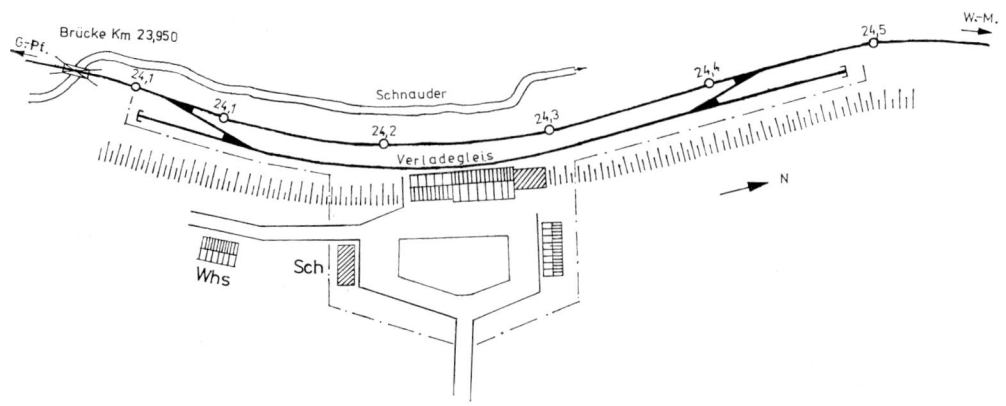

Bild 5.39. Lageplan Anschl. Kaynaer Quarzwerke, Stand 1967. *Zeichnung: Taege, nach eigener Aufmessung*

Bild 5.40 Blick auf die Ladestelle der Kaynaer Quarzwerke, um 1964. *Foto: Otto*

Kaynaer Quarzwerke (km 24,12 bis 24,32)

Mit dem Anschluß der Ladestelle Kaynaer Quarzwerke im Jahre 1907 hatte die G. M. W. E. einen ihrer bedeutendsten Transportkunden erhalten. Im Februar 1914 wurde eine Kiesverladerampe am Anschlußgleis gebaut. Bis Ende des Jahres 1914 folgte ein neues Fabrikgebäude für den Antrieb der Kettenförderbahn. Die Kettenförderbahn stellte die Verbindung von den Kiesgruben zur Verladestelle an der G. M. W. E. her, und eine Wasch- und Brecheranlage entstand im Jahre 1935.

Nach Überführung des Quarzwerkes in Volkseigentum begann 1956 die Rekonstruktion und der Neuaufbau der Brecherei. Bis zum Jahre 1960 entstand im VEB (K) Kaynaer Quarzwerke noch eine neue moderne Waschanlage. In den bis zu fünf Etagen hohen Gebäuden waren zuletzt die Brecher- und Waschanlage sowie eine Siebeinrichtung mit den Vorratsbunkern untergebracht. Mit diesen modernen Produktionsanlagen konnten zeitweise bis zu sieben verschiedene Sorten Sand sowie gewaschener Sand produziert werden. Über Rutschen erfolgte die Verladung direkt in die Schienenfahrzeuge. Innerhalb des Anschlusses wurden die Waggons durch eine werkseigene Seilzuganlage bewegt.

Die Bedienung des Anschlußgleises Kaynaer Quarzwerke erfolgte überwiegend durch planmäßige GmP. Aus Richtung Wuitz-Mumsdorf wurden die Leerwagen der Anschlußbahn zugeführt,

während die Züge der Gegenrichtung die beladenen Wagen abholten. Die Rangierbewegungen wurden von der mit Gepäck- und Reisezugwagen gekoppelten Lokomotive ausgeführt, d. h., die Züge überfuhren erst die Anschlußweiche, um dann rückwärtsdrückend die mitzunehmenden Güterwagen anzuhängen.

Vom Bahnhof Wuitz-Mumsdorf bis zum Anschlußgleis Kaynaer Quarzwerk (Entfernung 7,00 km) bestand noch bis zum 28. Dezember 1969 Schmalspurbahnbetrieb mit Werkbahncharakter.

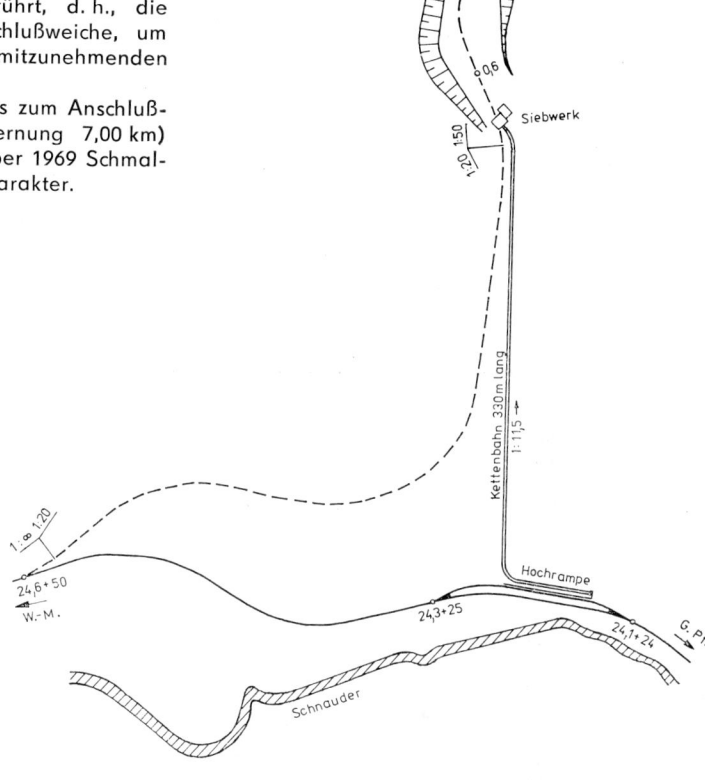

Bild 5.41.
Lageplan Anschl. Kieswerk
Vering & Waechter bei
Oelsen, Stand 1914.
*Zeichnung: Taege, nach
Rbd-Archiv Erfurt*

Brikettfabrik „Leonhard II" Spora (km 27,90)

Brikettfabrik und Grube „Leonhard II" wurden im Jahre 1903 über den Bahnhof Spora an die G. M. W. E. angeschlossen. Die 20 Arbeiter der relativ kleinen Fabrik produzierten mit drei Kohlepressen in einer Schicht 90 t Briketts, welche überwiegend als Hausbrandkohle Verwendung fanden. Außer von der G. M. W. E. ist der Bahnhof Spora auch zweimal täglich von der Regelspurbahn über den Bahnhof Meuselwitz bedient worden.

Die Wagenverschiebung auf dem Anschlußgleis „Leonhard II" erfolgte durch eine Seilzuganlage. Nach der Auskohlung des Tagebaugeländes im Raum Spora wurde die besagte Grubenförder-

bahn gebaut. Diese sicherte bis Ende des Jahres 1965 die Versorgung der Brikettfabrik „Leonhard II" in Spora mit Rohbraunkohle aus dem Raum Wuitz. Die Grubenbahn schob täglich fünfmal jeweils sechs Selbstentladewagen aus dem Tagebaugelände nach Spora und kippte die Rohbraunkohle an der Fabrik ab. Zum Schichtwechsel verkehrte die Grubenbahn ab dem Jahre 1953 zwischen den Brikettfabriken auch mit einem Personenwagen.

Die Stillegung der ehemaligen Brikettfabrik „Leonhard II" erfolgte im Dezember 1965. Ein Jahr später wurden die Gebäude abgerissen. In unmittelbarer Nähe der Brikettfabrik Spora produzierten übrigens bis 1945 eine Ziegelei, die aber über kein spezielles Anschlußgleis verfügte.

7*

Bild 5.42. Begegnung im Wuitz-Mumsdorfer Bahnhof: Links ein Grubenbahnzug, rechts ein OOtm-Zug mit der Lok 99 5912 auf der Hochrampe. Eine Aufnahme von 1967.
Foto: Wünschmann

Anschluß Grubenbahn über Schüttgutrampe (km 30,80)

Die Grubenbahn übernahm im Bahnhof Wuitz-Mumsdorf Filterkies vom Kaynaer Quarzwerk und transportierte ihn in das Kraftwerk des ehemaligen „Bismarck"-Werkes. Bei Bedarf konnte der Kies aus Kayna auf dem gesamten Grubenbahnnetz transportiert werden, wie z. B. beim Bau der Gießerei in Bünaurode (VEB Maschinenfabrik „John Schehr, Meuselwitz) zu Beginn der 50er Jahre. Dieser Grubenbahnanschluß bestand nur für einen Zeitraum von rund zehn Jahren.

Bild 5.43. Lageplan Anschl. Leonard I, Stand 1935.
Zeichnung: Taege nach Rbd-Archiv Halle

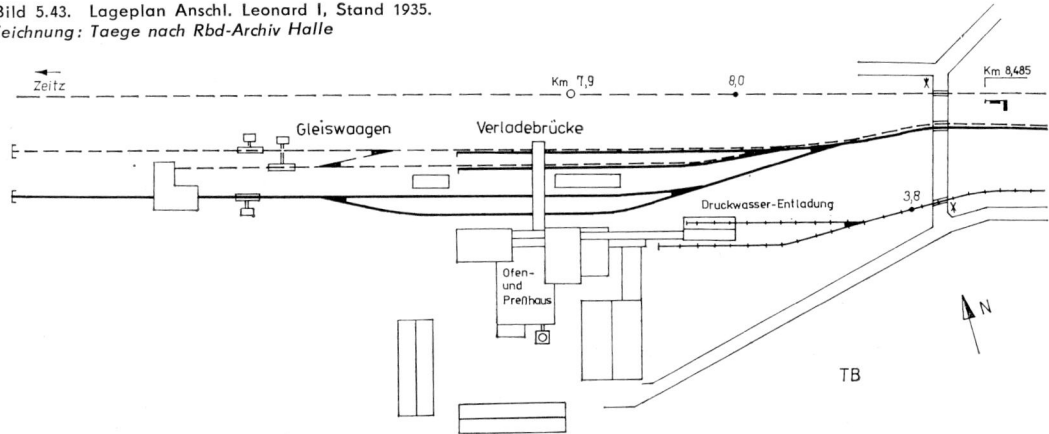

Bild 5.44.
Das ehemalige BKW Zipsendorf I (vormals Leonhard I) an der Nebenbahn Zeitz—Meuselwitz—Altenburg, 1984.
Foto: Taege

Brikettfabrik „Leonhard I" Wuitz-Mumsdorf

Im Jahre 1900 entstand die Braunkohlengrube „Leonhard I" bei Wuitz, direkt an der Schmalspurbahn gelegen. 1901 gingen die ersten Ladungen Kohle über die G. M. W. E. nach Gera. Die Brikettfabrik „Leonhard I" war mit zehn Brikettpressen nicht nur die größte, sondern auch die am längsten bestehende Brikettfabrik mit Anschluß an die Schmalspurbahn Gera-Pforten—Wuitz-Mumsdorf. Das rund 700 m lange Anschlußgleis der Brikettfabrik war als Dreischienengleis ausgeführt. Dadurch konnten die Lokomotiven der G. M. W. E. auch Regelspurwagen auf dem Anschlußgleis rangieren. Diese Rangierleistung bekam die G. M. W. E. von der Staatsbahn bezahlt. Da sich der Zustand der Dreischienengleisanlage im Bahnhof Wuitz-Mumsdorf immer weiter verschlechterte, drohte die Deutsche Reichsbahn der Schmalspurbahn für den 22. Mai 1924 die Einstellung des Zugbetriebes auf dem Bahnhof an. Daraufhin setzte die G. M. W. E. die Gleisanlagen bis zum 31. Oktober 1924 wieder instand — jedoch nur behelfsmäßig. Infolgedessen übernahm die Deutsche Reichsbahn die Bedienung des Anschlußgleises der Brikettfabrik „Leonhard I" ab 1. Dezember 1925 selbst. Erst Mitte der 30er

Jahre wurde die Sperrung des Anschlußgleises aufgehoben, so daß sich die G. M. W. E. wieder an der Wagengestellung beteiligen konnte.
Die Kohleabfuhr mit der Schmalspurbahn endete im Jahre 1966, ein Jahr vor der Produktionseinstellung von „Leonhard I". Das Anschlußgleis blieb noch bis zum Jahre 1975 liegen.

5.3.   Die Verbindungsbahn Gera

Die G. M. W. E. besaß in Gera weder einen direkten Gleisanschluß zur Königlich Sächsischen Staatseisenbahn, noch zur Königlich Preußischen Staatseisenbahn. Für den Gütertransport wurde deshalb eine Verbindung vom Bahnhof der G. M. W. E. zum Sächsischen Güterbahnhof geschaffen.
Die zweigleisige Verbindungsbahn hatte eine Länge von etwa 900 m. Ausgehend vom Bahnhof Gera-Reuss führte sie durch die Pfortener Oststraße einschließlich deren Verlängerung (später Meuselwitzer Straße) und die Geraer Reichsstraße (jetzt Ernst-Thälmann-Straße) zum Sächsischen Güterbahnhof (später Güterbahnhof Gera-Süd). In der Reichsstraße lagen bereits Gleise, welche von der Geraer Straßenbahn genutzt wur-

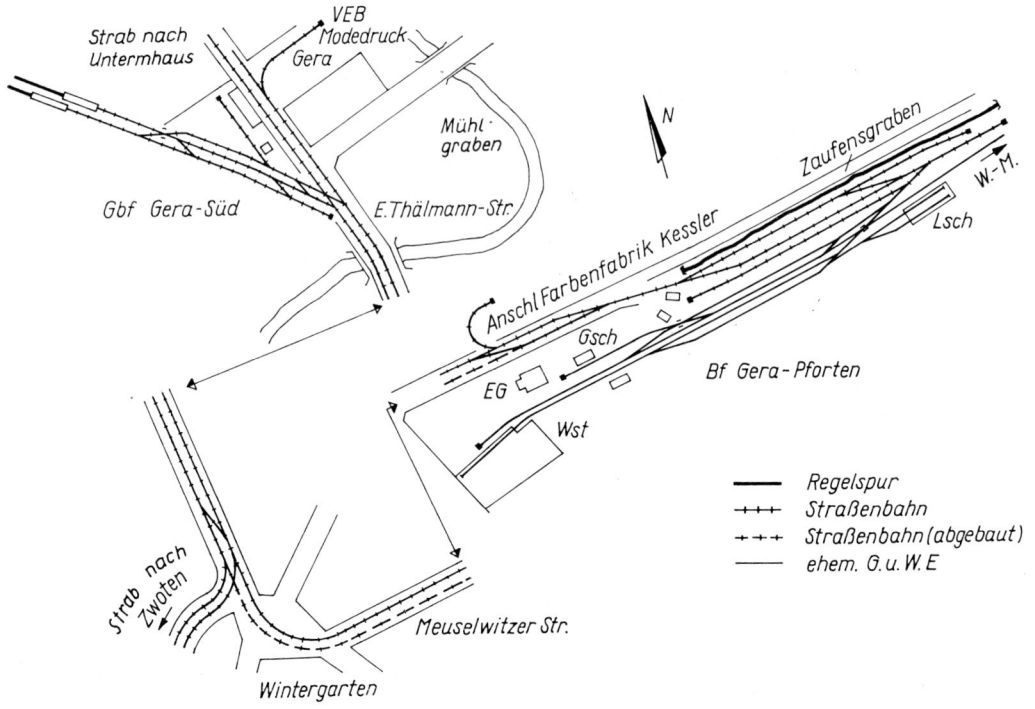

Bild 5.45.
Verbindungsbahn Gera-
Pforten—Güterbahnhof
Gera-Süd, Stand 1960.
*Zeichnung: Franz, nach
Liegenschaftsdienst
Gera*

Bild 5.46.
Die Straßenbahnlok
Nr. 1.
Foto: Sammlung Franz

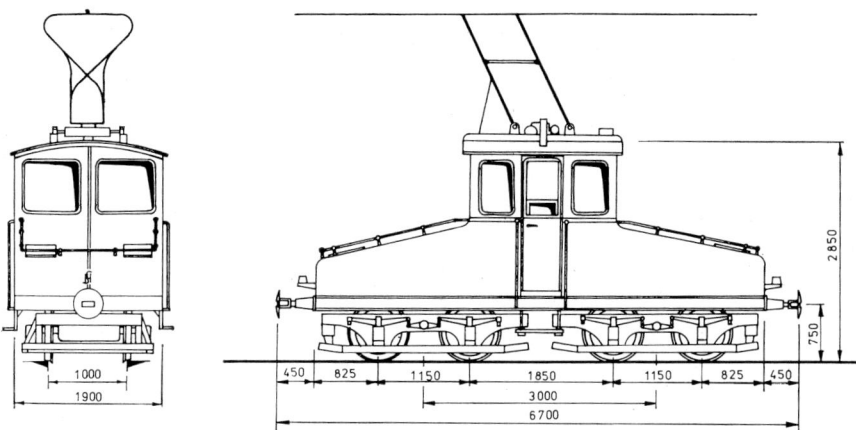

den. Sie waren ein Teil der Straßenbahnlinie Untermhaus—Lindenthal (heute Wintergarten) und zugleich Zufahrtsstrecke zum Straßenbahndepot an der Endhaltestelle in Lindenthal.

Die gesamte Verbindungsbahn war Eigentum der G. M. W. E. Die bereits in der Reichsstraße liegenden Gleise der Geraer Straßenbahn gingen in den Besitz der Schmalspurbahngesellschaft über.

Bild 5.47.   Maßskizze der Straßenbahnlokomotiven 1 und 2. *Zeichnung: Taege*

Bild 5.48.   Die elektrische Straßenbahnlokomotive Nr. 1 vor einem Rollbockzug im Sächs. Güterbahnhof in Gera, um 1910. *Foto: Sammlung Franz*

Bild 5.49.
Die elektrische Straßen-
bahnlokomotive Nr. 3
in der Meuselwitzer
Straße am Bahnhof
Gera-Pforten, um 1960.
Foto: Vondran

Die Fahrleitungen auf der Verbindungsbahn blieben zwar in Rechtsträgerschaft der Straßenbahn,
wurden aber von der G. M. W. E. unterhalten. Das
Recht zur Personen- und Güterbeförderung hatte
nur die Straßenbahn, während sich die Schmalspurbahn mit dem Gütertransport begnügen
mußte.
Der Betrieb auf der Verbindungsbahn hatte mittels elektrischer Lokomotiven zu erfolgen. Jedoch
war es beiden Gesellschaften gestattet, während
der ersten drei Betriebsjahre auch Dampflokomotiven einzusetzen. Diese durften aber nur mit Koks
beheizt werden. Die Fahrgeschwindigkeiten betrugen bei Tag 12 km/h und bei Dunkelheit 8 km/h,
die Zuglänge höchstens 45 m. Die Güterzüge
mußten zu Straßenbahnwagen einen Sicherheits-
abstand von mindestens 200 m halten.
Im Laufe des Jahres 1901 wurde auf dem Gelände
des Sächsischen Güterbahnhofs eine weitere Um-
setzanlage einschließlich eines Ladegleises für die
G. M. W. E. gebaut und in Betrieb genommen.
Und am 8. November dieses Jahres eröffnete die
Geraer Straßenbahn den Personenverkehr zum
Bahnhof der G. M. W. E. in Pforten. Die Nutzung
der Verbindungsbahn und der Bahnhofsgleise war
für sie kostenlos! In den Jahren 1901 und 1902

Tabelle 5.2. Triebfahrzeuge der Geraer Straßenbahn für den Güterverkehr

Betriebs-Nr.	Baujahr	Hersteller	Achs-folge	Eigen-masse (t)	Bemerkungen
Dampflokomotiven					
1	1892	Henschel & Sohn	C	21	1901 verkauft an G.M.W.E.
2	1892	Henschel & Sohn	B	14	Verbleib nach 1903 unbekannt
Elektrische Lokomotiven					
1	1902	Siemens	Bo'Bo'	17	1961 verschrottet
2	1903	Siemens	Bo'Bo'	17	1961 verschrottet
3	1929	Siemens	Bo'Bo'	24	1963 verschrottet

Tabelle 5.3. Anzahl der Güterwagen, die von der Geraer Straßenbahn auf der Verbindungsbahn befördert wurden

Jahr	Güterwagen mit einer Tragfähigkeit von		
	5 t	10 t	15 t
1902	8	78	—
1903	370	940	—
1904	230	1 071	—
1905	250	985	30
1906	403	1 156	53
1907	311	981	44
1908	333	965	93
1909	325	742	100
1910	285	726	84
1911	278	689	94
1912	48	472	257
1913	246	536	79
1914	166	324	132
1915	138	261	120
1916	153	616	154
1917	170	583	188
1918	184	596	132
1919	462	1 184	382
1920	514	1 012	194

beförderten die Geraer Straßenbahn und die G. M. W. E. Güter auf der Verbindungsbahn. Mit dem Einsatz der E-Loks 1902 beschränkten sich diese Transporte nur noch auf die Straßenbahn. Im Sommer 1924 wurde schließlich ein Gleisstrang zwischen Bahnhof Gera-Pforten und der Gleiskurve am Wintergarten ausgebaut.

Die für den Güterverkehr auf den Gleisen der Geraer Straßenbahn zugelassenen Wagen der G. M. W. E. waren besonders gekennzeichnet. Bis 1930 besaßen diese Wagen statt des sonst üblich oxydroten einen grünen Anstrich. Als danach alle Güterwagen grau gestrichen wurden, brachte man unter der Wagennummer ein Eignungskennzeichen für den Betrieb auf Straßenbahngleisen an. Die

Güterwagen mit beschränkten Einsatzmöglichkeiten trugen Kennzeichnungssymbole am Wagenkasten: Dreieck, Spitze nach oben (nicht übergangsfähig auf Straßenbahngleise) und Halbkreis mit Halbmesserangabe, Rundung nach oben (übergangsfähig auf Straßenbahngleise unter Beachtung des angegebenen Gleishalbmessers). Dies wurde auch nach der Übernahme der G. M. W. E. durch die Deutsche Reichsbahn beibehalten.

Rollwagen waren ab 1929 ebenfalls für den Güterverkehr innerhalb Geras zugelassen. Deshalb mußte die Kurve am Wintergarten erweitert werden. Diese Bauarbeiten waren auch im Hinblick auf den Einsatz der vierachsigen Selbstentladewagen erforderlich.

Mit der Übernahme der G. M. W. E. durch die Thüringer Landesbahnen ging die Verbindungsbahn in den Besitz der Geraer Straßenbahn über. Doch Ende der 50er Jahre verlor der Güterverkehr auf der Verbindungsbahn und innerhalb Geras immer mehr an Bedeutung. Nachdem im November 1962 die letzte E-Lok der Straßenbahn defekt abgestellt worden war, kam es im Dezember 1962 zur totalen Einstellung des Güterverkehrs der Geraer Straßenbahn. Nur noch einmal, im Februar 1963, fuhr eine Dampflok der Schmalspurbahn auf der ehemaligen Verbindungsbahn zum Güterbahnhof Gera Süd, um von dort dringend benötigte, mit Steinkohle beladene Güterwagen zu holen.

Die ehemalige Verbindungsbahn wurde bis zur Einstellung der Schmalspurbahn weiter genutzt. Die Geraer Straßenbahn stellte bis zur endgültigen Verschrottung im Bahnhof Gera-Pforten ausgemusterte Straßenbahnwagen ab. Noch im Jahre 1986 waren in der Meuselwitzer Straße bis zum ehemaligen G. M. W. E.-Bahnhof die Überreste dieser Gleisverbindung auszumachen.

6. Betriebsmittel

6.1.   Technik und Ausstattung

Zug- und Stoßvorrichtungen

Die Zugvorrichtung bestand aus einer doppelseitigen Kupplung mit dreieckförmig ausgebildetem Kettenglied. Bei den nach 1945 auf der Schmalspurbahn eingesetzten Fahrzeugen kam dagegen die doppelseitige Schraubenkupplung zur Anwendung. Beide Kupplungsarten waren bis zur Betriebseinstellung im Einsatz.
Die Stoßvorrichtungen bestanden aus einem abgefederten Mittelpuffer. Der Pufferteller war mit einem Schlitz zur Aufnahme von Kuppelstangen für Rollwagen und -böcke versehen. Alle durch die G. M. W. E. beschafften Lokomotiven besaßen über der vorderen und hinteren Pufferbohle einen Querträger, mit zwei kurzen ungefederten Holzbohlen, um auf dem Dreischienengleis des Bahnhofes Wuitz-Mumsdorf bis zur Brikettfabrik „Leonhard I" auch regelspurige Wagen rangieren zu können. Bei den nach 1950 zur Schmalspurbahn umgesetzten Lokomotiven wurden diese Stoßvorrichtungen nur teilweise angebaut.

Bremsen

Anfangs waren alle Betriebsmittel der G. M. W. E. mit Görlitzer Gewichtsbremsen (Heberleinbremsen) ausgerüstet. Mit Beginn des Rollwagenverkehrs im Jahre 1929 wurde die Druckluftbremse Bauart Knorr bzw. Schleifer eingeführt.

Beleuchtung

Die Beleuchtung der Lokomotiven und Wagen erfolgte zuerst mit Karbid- und Petroleumlampen. Ab 1950 wurde schrittweise die 24-Volt-Einheitsdynamobeleuchtung eingeführt. Mit Ausnahme der Lok Nr. 99 5711 wurden alle Lokomotiven bis

1955 und alle Wagen bis 1958 entsprechend umgebaut.

Beheizung

Die Beheizung der Gepäck- und Reisezugwagen erfolgte mittels eines im Wagen eingebauten Ofens. In den 30er Jahren wurden alle Reisezugwagen mit Dampfheizungen ausgerüstet. Die Reisezug- und Güterzuggepäckwagen sowie die Bahndienstwagen besaßen zum Zeitpunkt der Betriebseinstellung noch Ofenheizung.

6.2.   Triebfahrzeuge

Dampflokomotiven 1 bis 5, 6 und 1[II]

Für den Verkehr auf der G. M. W. E. lieferte die Borsig-Lokomotivwerke GmbH, Berlin-Tegel, im Jahre 1900 drei Mallet-Lokomotiven (B'B-n4vt), die die Betriebsnummern 1 bis 3 erhielten. Durch den Einsatz dieser Gelenklokomotiven erhoffte man sich auf der kurvenreichen Strecke eine Minderung des Verschleißes an den Lokomotiven und eine Schonung des Oberbaues. Die Probefahrten der Lokomotiven fanden im September 1900 zwischen Zipsendorf und Kayna statt. Am 21. September 1900 erfolgte ihre Abnahme und die Betriebsgenehmigung wurde durch die KED Erfurt erteilt.
1902 lieferte Borsig eine weitere, bereits 1901 bestellte B'B-n4vt-Lok. Probefahrt und Abnahme der Lokomotive zwischen Gera und Trebnitz erfolgten am 18. November 1902. Die KED Erfurt erteilte am 16. Dezember 1902 die Betriebsgenehmigung für die nunmehrige Lok 4. Um den gewachsenen Transportaufgaben gerecht zu werden, wurde 1907 nochmals eine B'B-n4vt-Lok angeschafft. Sie erhielt die Betriebsnummer 6. Die Abnahme der

Tabelle 6.1.   Dampflokomotiven der Schmalspurbahn Gera-Pforten—Wuitz-Mumsdorf

G.M.W.E.-Nr.	DR-Nr.	Baujahr	Hersteller	Fabr.-Nr.	Gattung	Bauart	Bemerkungen
1	—	1900	Borsig	4797	K 44.7	B'B n4vt	1915 an Heeresfeldbahn
2	99 5711	1900	Borsig	4798	K 44.7	B'B n4vt	Zuordnung zum Z-Park 29. August 1963, Ausmusterung 18. Mai 1965, Verschrottung 17. Februar 1966
3	—	1900	Borsig	4799	K 44.7	B'B n4vt	Verschrottung 1926
4	99 5712	1902	Borsig	5107	K 44.7	B'B n4vt	Zuordnung zum Z-Park 6. November 1966, Ausmusterung 27. Dezember 1966, Verschrottung 30. November 1967
5	—	1892	Henschel	3655	K 33.7	C n2t	1901 von Geraer Straßenbahn, Verschrottung 1925
6	99 5713	1907	Borsig	6770	K 44.7	B'B n4vt	Zuordnung zum Z-Park 24. Dezember 1964, Ausmusterung 1966, Verschrottung 30. November 1967
1 II	99 5714	1919	Borsig	10653	K 44.7	B'B n4vt	Zuordnung zum Z-Park 16. November 1967, Ausmusterung 12. März 1968, Verschrottung 15. März 1968
7	99 5911	1922	Borsig	11383	K 44.9	D h2t	1969 als Dampfspender verkauft
8	99 5912	1922	Borsig	11384	K 44.9	D h2t	Zuordnung zum Z-Park 20. August 1970, Verschrottung 31. Juli 1975
—	99 191	1927	Esslingen	4181	K 55.9	E h2t	1955 von Bw Meiningen, Lok-Bf Eisfeld, Zuordnung zum Z-Park 11. Juni 1970, Verschrottung 31. Juli 1975
—	99 233	1955	LKM	134010	K 57.10	1' E 1' h2t	Anlieferung/Inbetriebnahme beim Bw WW 6. Mai 1955/18. Mai 1955 Umsetzung zum Lok-Bf Gera-Pforten 24. November 1956, Umsetzung zum Bw WW 9. Mai 1960
—	99 234	1955	LKM	134011	K 57.10	1' E 1' h2t	Anlieferung/Inbetriebnahme beim Bw WW 6. Mai 1955/11. Mai 1955, Umsetzung zum Lok-Bf Gera-Pforten 19. November 1956, Umsetzung zum Bw WW 18. Mai 1958
—	99 235	1955	LKM	134012	K 57.10	1' E 1' h2t	Anlieferung/Inbetriebnahme beim Bw WW 21. Mai 1955/10. Juni 1955, Umsetzung zum Lok-Bf Gera-Pforten 10. November 1956, Umsetzung zum Bw Meiningen, Lok-Bf Eisfeld 18. Dezember 1957
—	99 6011	1922	Borsig	11382	K 46.10	(1'B) 'B 1' 4hvt	1959 von Bw WW, Zuordnung zum Z-Park 28. Dezember 1961, Ausmusterung 16. August 1966, Verschrottung 25. April 1967
—	99 183	1923	O & K	8998	K 35.9	1 C 1 h2t	1962 von Bw Straupitz, 1969 als Dampfspender verkauft

Tabelle 6.2.
Technische Daten
der Dampflokomotiven

	1	2	3	4
G.M.W.E.-Nr.	1	2	3	4
DR-Nr.	—	99 5711	—	99 5712
Länge über Puffer (mm)	7 400	7 400	7 400	7 400
Achsstand (mm)	4 180	4 180	4 180	4 180
Treibraddurchmesser (mm)	820	820	820	820
Laufraddurchmesser (mm)	—	—	—	—
Lokmasse (t)	28,0	28,0	28,0	28,0
Steuerung	Ha	Ha	Ha	Ha
Höchstgeschwindigkeit (km/h)	35	35	35	35
Brennstoffvorrat (t)	1,4	1,4	1,4	1,4
Wasservorrat (m³)	2,5	2,5	2,5	2,5
Kesselüberdruck (kp/cm²)	12	12	12	12
Rostfläche (m²)	1,10	1,10	1,10	1,10
Verdampfungsheizfläche (m²)	49,4	49,4	49,4	49,4
Überhitzerheizfläche (m²)	—	—	—	—
Zylinderdurchmesser (mm)	265/400	265/400	265/400	265/400
Kolbenhub (mm)	400	400	400	400

Bild 6.1. Lokomotive Nr. 2, die spätere 99 5711.
Foto: Sammlung Taege

Lok erfolgte am 25. April 1908 durch die KED Erfurt.

1915 wurde die Lok 1 an die Heeresverwaltung abgegeben. Im Mai 1916 kam dafür leihweise die Lok 4 der ebenfalls zur DEBG gehörenden Schmalspurbahn Mosbach—Mudau in Baden zur G. M. W. E. Doch der relativ große feste Achsstand von 2 140 mm bewährte sich nicht, und so

5	6	1^II	7	8	4	—	—	—	—	—	—
—	99 5713	99 5714	99 5911	99 5912	—	99 191	99 233	99 234	99 235	99 6011	99 183
7 000	7 850	8 200	8 380	8 380	7 060	8 436	11 730	11 730	11 730	10 350	8 926
1 950	4 180	4 180	3 300	3 300	2 140	3 720	8 700	8 700	8 700	7 800	4 180
856	820	820	850	850	900	800	1 000	1 000	1 000	850	850
—	—	—	—	—	—	—	500	500	500	600	850[2])
22,0	28,0	28,0	36,0	36,0	23,0	43,5	65,0	65,0	65,0	53,0	37,3
Ha	Ha	Ha	Ha	Ha	Aa	Ha	Ha	Ha	Ha	Ha	Ha
20	35	35	35	35	30	30	40	40	40	30	30
0,9[1])	1,4	1,4	1,2	1,2	0,9	2,5	4,0	4,0	4,0	2,5	2,5
2,0[1])	2,5	2,5	3,5	3,5	2,4	4,7	8,0	8,0	8,0	7,3	5,0
12	12	12	12	12	12	14	14	14	14	14	12
	1,10	1,10	1,60	1,60	0,77	1,60	2,80	2,80	2,80	1,99	1,01
	63,9	63,9	63,4	63,4	47,2	64,2	95,5	95,5	95,5	85,9	36,0
	—	—	16,5	16,5	—	24,5	30,0	30,0	30,0	22,0	16,0
	265/400	265/400	400	400	320	430	500	500	500	360/560	400
	400	400	400	400	420	400	500	500	500	400	450

[1]) Angaben nach dem Umbau 1903
[2]) nach Ausbau der Luttermöller-Endachsen erste und letzte Treibachse als Laufachse

ging die Maschine im März 1919 wieder auf ihre ursprüngliche Strecke zurück. Als 1918 die G. M. W. E. die gesamte Kohlezufuhr nach Gera zu sichern hatte, forderte sie die Rückgabe ihrer Lokomotive Nr. 1. Daraufhin überführte man die damals in Belgien bei der Heeresfeldbahn eingesetzte Lok zu einer Hauptuntersuchung nach Brüssel, um sie dann nach Gera zurück zu fahren.

Bild 6.2. Die ehemalige Lok 2 wurde um 1965 im Raw Görlitz ausgemustert.   Foto: Kieper

Bild 6.3.
Die 99 5712 wurde ebenfalls um 1965 im Raw Görlitz ausgemustert.
Foto: Kieper

Doch in den Wirren während des Kriegsendes ging die Lokomotive verloren. Die G. M. W. E. forderte hierauf als Ersatz 150 000 Mark für eine neue Lok. Die Kriegsamtverwertungsstelle in Schöneberg bot dagegen der G. M. W. E. eine bei der Heeresverwaltung zur Verfügung stehende C-gekuppelte Naßdampflok mit 2 500 mm Achsstand an. Dabei handelte es sich höchstwahrscheinlich um die später auf der NWE eingesetzte

Lok 7, der späteren 99 6102. Doch bereits bei der Leihlok der Mosbach-Mudauer Eisenbahn gemachte schlechte Erfahrungen mit großen Achsständen veranlaßten die G. M. W. E., dieses Angebot abzulehnen. Zur Durchsetzung der Zahlung einer angemessenen Entschädigung für die Lok 1 erhob 1920 die G. M. W. E. Klage gegen den Reichsfiskus in Berlin. In der Verhandlung am 30. Juni 1920 wurde die Klage der G. M. W. E. für

Bild 6.4.
Lok 99 5713 in Gera-Leumnitz, 1962.
Foto: Sammlung Franz

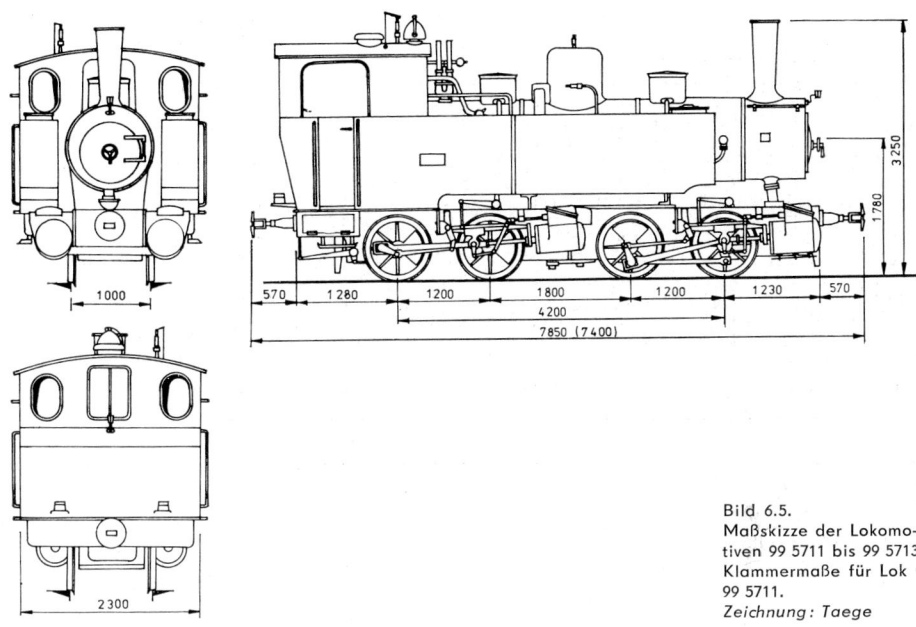

Bild 6.5.
Maßskizze der Lokomotiven 99 5711 bis 99 5713.
Klammermaße für Lok 99 5711.
Zeichnung: Taege

Tabelle 6.3. Zulässige Geschwindigkeits- und Belastungswerte für die Lokomotiven 1 bis 6 (vor 1919)

Abschnitt (km)	Maßgebende Neigung	Fahrzeit (min)		Zulässige Maximalzugmasse (t)[1]	
		Regelfahrplan	Minimum	Richtung Wuitz-Mumsdorf	Richtung Gera-Reuss
Gera-Reuss (0,0)—Leumnitz (2,9)	1 : 28	13	12	80	140
Leumnitz (2,9)—Trebnitz (5,3)	1 : 50	7	6	140	140
Trebnitz (5,3)—Culm (9,7)	1 : 50	15	14	140	140
Culm (9,7)—Söllmnitz (11,1)	1 : 50	5	4	140	140
Söllmnitz (11,1)—Wernsdorf (13,0)	1 : 45	8	6	120	140
Wernsdorf (13,0)—Pölzig (15,3)	1 : 50	7	6	140	140
Pölzig (15,3)—Wittgendorf (17,4)	1 : 50	6	5,5	140	140
Wittgendorf (17,4)—Kayna (21,3)	1 : 50	11	10	140	140
Kayna (21,3)—Spora (27,9)	1 : 50	22	20	140	140
Spora (27,9)—Wuitz-Mumsdorf (31,2)	1 : 60	10	9	140	140
Söllmnitz (0,0)—Cretschwitz (1,5)	1 : 40	8	6	Richtung Reußengrube 90	Richtung Söllmnitz 150
Cretschwitz (1,5)—Reußengrube (2,0)	1 : 40	2	2	90	150
				Richtung Wuitz-Mumsdorf	Richtung Leonhard I
Wuitz-Mumsdorf—Leonhard I	1 : 70	5	4	180	200

[1] für Lok 5 Zugmassenreduzierung um je 20 t, bei ungünstiger Witterung (Sturm, Nebel, Glatteis, feiner Regen, Schnee) für alle Lokomotiven Zugmassenreduzierung um je 20 t

Bild 6.6.
Lok 99 5714, abgestellt
im Bahnhof Gera-Pfor-
ten, 1967.
Foto: Kieper

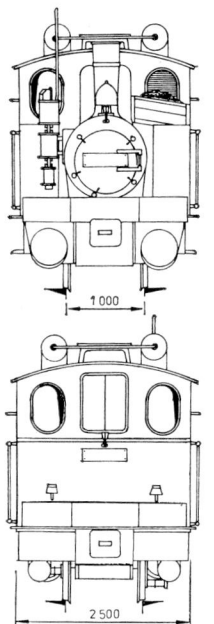

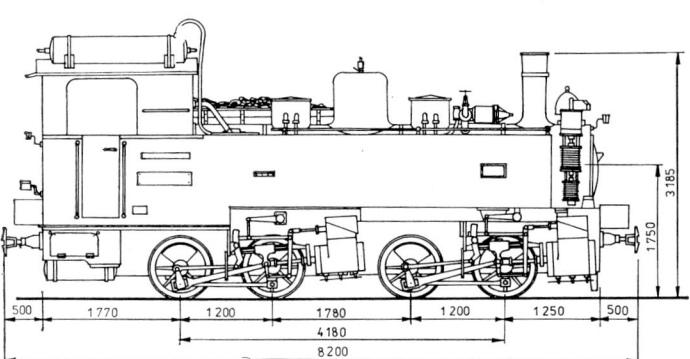

Bild 6.7.
Maßskizze der Lokomo-
tive 99 5714.
Zeichnung: Taege

unzulässig erklärt und zurückgewiesen. Statt der geforderten 150 000 Mark erhielt die G. M. W. E. lediglich den Zeitwert von 54 000 Mark für die verlorengegangene Lokomotive.

Als Ersatz für diese Lok hatte die Betriebsleitung bereits 1919 nochmals eine B'B-n4vt-Lokomotive bei ihrem „Hauslieferanten" Borsig bestellt. Der ursprünglich unter Vorbehalt vereinbarte Kaufpreis von 150 000 war inzwischen auf 485 000 Mark angewachsen. Die G. M. W. E. konnte nicht zahlen, und so übernahm das geschäftstüchtige Geraer Konsortium Ende 1920 diese Lok und verlieh sie an die Bahn. Sie erhielt die Betriebsnummer 1 in Zweitbesetzung. Die RBD Erfurt erteilte am 8. Februar 1921 die Betriebsgenehmigung; Probefahrt und Abnahme der Lok erfolgten am 21. Februar 1921 zwischen Gera-Pforten und Gera-Leumnitz.

Im Jahre 1926 wurde die — übrigens am schweren Unfall im März 1917 beteiligte — Lok 3 verschrottet, nachdem sie seit dem 31. Dezember 1925 abgestellt war. Zusammen mit der Lok 4 hatte sie 1916 eine eiserne Feuerbüchse erhalten.

In den Jahren 1929/1930 wurden die noch vorhandenen Lokomotiven 1^{II}, 2, 4 und 6 mit der Knorr-Druckluftbremse ausgerüstet. Dabei wurde der rechte Wasserkasten etwas verkürzt, um der Luftpumpe Platz zu schaffen. Die beiden Hauptluftbehälter wurden nebeneinander auf dem Dach des Führerhauses befestigt. So kamen die Lokomotiven zu ihrem eigenartigen Aussehen.

Die Deutsche Reichsbahn übernahm nur noch die Lokomotive 2, 4, 6 und 1^{II} und bezeichnete sie als 99 5711-5714. Zwischen 1963 und 1968 wurden auch diese Lokomotiven verschrottet.

Dampflokomotive 5

Die am 22. Februar 1892 eröffnete Geraer Straßenbahn beschaffte sich für die Bewältigung des innerstädtischen Güterverkehrs von Henschel & Sohn, Kassel, je eine B- und eine C-gekuppelte Dampflokomotive. Noch im Jahre 1892 wurden beide Lokomotiven geliefert und bei der Straßenbahn in Dienst gestellt. Zur Absicherung der Gütertransporte zwischen dem Bahnhof Gera (Reuss) der G. M. W. E. und dem Sächsischen Güterbahnhof übernahm die Schmalspurbahngesellschaft von der Geraer Straßenbahn die C-gekuppelte Lok 1 im Jahre 1901 und bezeichnete sie nun als Lok 5. Die G. M. W. E. setzte die Lokomotive vom Tage der Betriebseröffnung an auf der Verbindungsbahn ein.

Die Lok mit dem vollverkleideten Triebwerk hatte die typischen Merkmale einer Trambahnlokomotive. Zur besseren Sicht des Personals war die Lokomotive ringsumher offen. Geheizt wurde sie mit

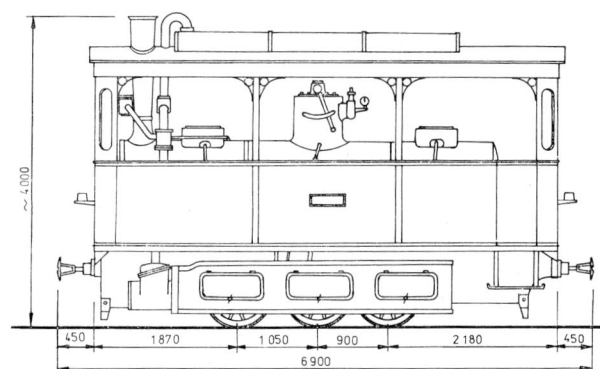

Bild 6.8. Lok 1 der Geraer Straßenbahn.
Zeichnung: Taege

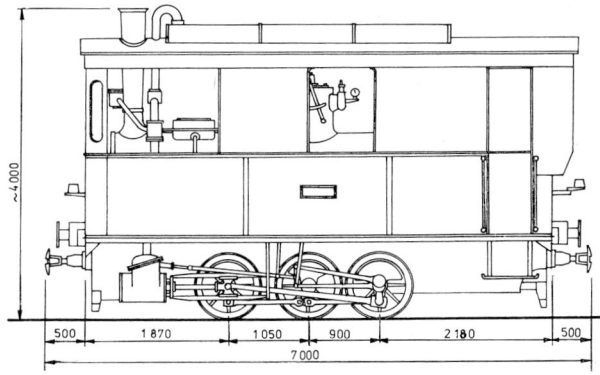

Bild 6.9. Lok 5 der G.M.W.E. (ex Straba 1).
Zeichnung: Taege

Bild 6.9.
Mit Vollverkleidung: Lok 5
(ex Straba 1) nach ihrem
Umbau in Söllmnitz, 1910.
Foto: Sammlung Franz

Koks — zur Vermeidung von Qualmbelästigungen der Anwohner an den Straßen. Auf dem Dach der Lok war ein Wasserkondensator aufgebaut. Damals besaß die Maschine höchstwahrscheinlich eine Dampfbremse.

Als ab 1902 die Dampflokomotiven für den innerstädtischen Verkehr durch Elloks der Straßenbahn ersetzt wurden, baute die G. M. W. E. die Lok 5 für den Dienst auf ihren anderen Strecken entsprechend um. So wurden die Fenster verglast, die für Straßenbahnlokomotiven typische Triebwerksverkleidung entfernt, der Wasserkondensator ausgebaut und die Lok auf Steinkohlenfeuerung umgestellt. Wahrscheinlich wurde zu dieser Zeit auch die bei der G. M. W. E. übliche Görlitzer Gewichtsbremse angebaut. Die derart umgebaute Lok wurde Ende 1903, nach Abnahme durch die KED Erfurt, dem Betrieb übergeben.

Von 1910 bis Mai 1916 war die Lok 5 an die Erstein-Oberrehnheim—Ottrotter Eisenbahn im Elsaß verliehen.

Auf Grund ihrer geringen Leistung verwendete man sie größtenteils nur zu Rangierfahrten im Bahnhof Gera-Pforten. 1924 wurde sie abgestellt und 1925 verschrottet.

Dampflokomotiven 7 und 8

Von den Borsig-Lokomotivwerken wurden im Jahre 1922 zwei moderne D-gekuppelte Heißdampflokomotiven beschafft. Sie erhielten die Betriebsnummern 7 und 8. Während einer Probefahrt zwischen Gera-Pforten und Zschippach am 4. Oktober 1922

erfolgte die Abnahme beider Loks. Die RBD Erfurt erteilte am 10. Oktober 1922 die Betriebsgenehmigungen.

Beide Lokomotiven waren bei ihrer Anlieferung mit der Görlitzer Gewichtsbremse ausgerüstet. 1929 erfolgte der Umbau auf die Knorr-Druckluftbremse. Die Deutsche Reichsbahn bezeichnete beide Loks bei der Übernahme der Bahn als 99 5911 und 99 5912. Anläßlich einer L-4-Untersuchung im Raw Görlitz wurde die Heusinger-Steuerung der 99 5911 per 15. Dezember 1960 in die Bauart Trofimoff umgebaut. Bei der 99 5912 wurde der Umbau per 15. März 1961 anläßlich einer L-2-Untersuchung im Raw Görlitz durchgeführt.

Die Lok 99 5911 beförderte am 3. Mai 1969 den rung der Lok im kalten Zustand von Gera-Pforten fuhr. Auf Grund des Unwetters wurde die Lok kalt abgestellt. Am 19. Mai 1969 erfolgte die Überführung der Lok im Kalten Zustand von Gera-Pforten nach Wuitz-Mumsdorf. Dort war sie bis Dezember abgestellt, ohne nochmals im Zugdienst eingesetzt worden zu sein. Am 10. Dezember 1969 wurde sie verladen und an den VEB Meliorationsbau Karl-Marx-Stadt verkauft. 1973 erfolgte die Verschrottung mit Ausnahme des Dampferzeugers. Dieser wurde 1975 an die Brauerei Burgstädt verkauft und dann dort 1980 endgültig verschrottet.

Die 99 5912 war am 3. Mai 1969 das letzte Mal im Zugdienst eingesetzt. Am 19. Mai 1969 wurde die Lok angeheizt, um zusammen mit der 99 183 und der 99 5911 den letzten Zug nach Wuitz-Mumsdorf zu befördern. Von Juni bis November war die

Bild 6.11.
Lok 8 von Borsig im
Lieferzustand, 1922.
*Foto: Sammlung
Taege*

Bild 6.12.
Die Lokomotive 99 5911
(ex G.M.W.E. 7) in
Söllmnitz, 3. Mai 1969.
Foto: Weigel

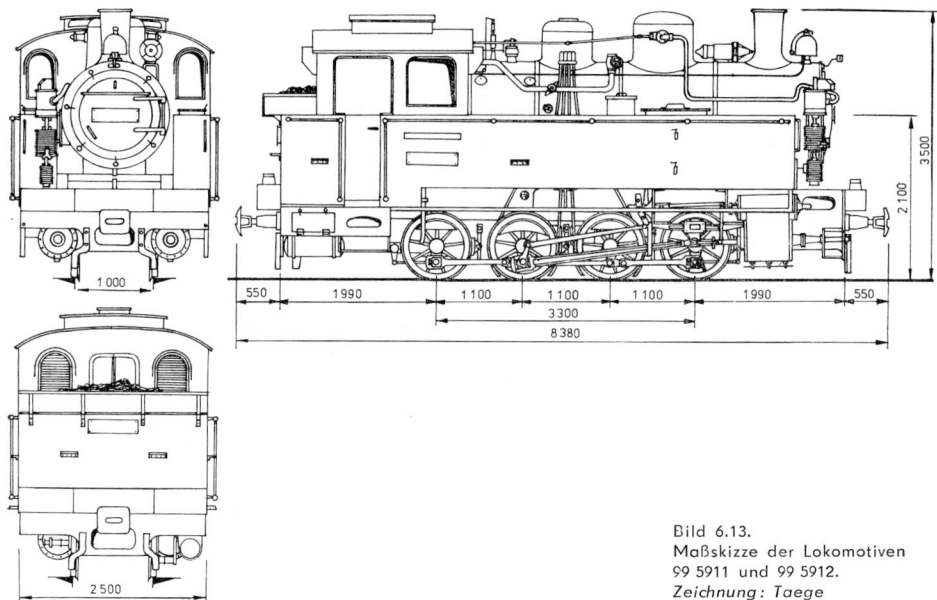

Bild 6.13.
Maßskizze der Lokomotiven
99 5911 und 99 5912.
Zeichnung: Taege

99 5912 abwechselnd mit der 99 191 zwischen Wuitz-Mumsdorf und Quarzwerk Kayna eingesetzt. Am 20. August 1970 wurde die 99 5912 in den Z-Park übernommen und in das Raw Görlitz überführt. Durch eine Verfügung des Ministeriums für Verkehrswesen vom 8. November 1971 stellte man die Lok von der Verschrottung zurück, um einen Käufer zu finden. Erst nachdem dies erfolglos war, wurde die Lok am 31. Juli 1975 verschrottet.
Bemerkenswert ist, daß beide Lokomotiven noch die EDV-Betriebsnummern 99 5911-5 und 99 5912-3 erhielten.

Dampflokomotive 99 191

Am 10. Juli 1955 wurde mit der 99 191 eine leistungsstarke Lok auf der Schmalspurbahn Gera-Pforten—Wuitz-Mumsdorf zum Einsatz gebracht. Diese fünffach gekuppelte Heißdampflok stammt aus einer 1927 von der Maschinenfabrik Esslingen gebauten Typenreihe für die württembergische Schmalspurbahn Nagold—Altensteig. Die DRG bezeichnete diese Lokomotiven als 99 191 bis 99 194. Bis zum 31. Mai 1944 war die 99 191 auf der württembergischen Strecke eingesetzt, um dann auf der Schmalspurbahn Eisfeld—Unterneubrunn ihren Dienst zu verrichten.

Tabelle 6.4
Einsätze der Lokomotiven 99 5911 und 99 191 im Jahre 1969 nach der offiziellen Betriebseinstellung

Monat	99 5912		99 191	
	Betriebstage	gefahrene km	Betriebstage	gefahrene km
Mai	4	647	16	786
Juni	13	727	17	1 095
Juli	17	1 170	14	1 057
August	7	328	24	1 318
September	21	1 322	9	480
Oktober	31	1 478	0	0
November	3	212	27	1 382
Dezember	0	0	28	1 524

Bild 6.14.
Die Lokomotive 99 191
im Bahnhof Wuitz-
Mumsdorf, 1969.
Foto: Taege

Während ihres Einsatzes auf der Schmalspurbahn Gera-Pforten—Wuitz-Mumsdorf erbrachte diese Lok einen wesentlichen Anteil der Zugförderung. Die 99 191 besaß — wenn auch nur über der vorderen Kupplung — als einzige nach 1950 zur ehemaligen G. M. W. E. gekommene Lok die für die G. M. W. E. typischen Pufferbohlen zum Rangieren von Regelspurwagen auf dem Dreischienengleis des Bahnhofes Wuitz-Mumsdorf.
Zum Zeitpunkt der Einstellung war die Lok in Gera-Pforten abgestellt. Am 16. Mai 1969 fuhr sie den letzten Zug von Gera-Pforten nach Wuitz-Mumsdorf. Zusammen mit der 99 5912 wurde sie bis Dezember 1969 zwischen Wuitz-Mumsdorf und Quarzwerk Kayna eingesetzt. Am 28. Dezember 1969 beförderte sie den letzten Zug auf diesem Abschnitt. Im Laufe des ersten Halbjahres 1970 wurde die Lok noch mehrmals für Rangierfahrten im Bahnhof Wuitz-Mumsdorf eingesetzt. Am 11. Juni 1970 wurde sie in den Z-Park eingereiht und am 18. August 1970 ins Raw Görlitz überführt. Zu dieser Zeit gab es Überlegungen, die Lokomotive auf der Selketalbahn einzusetzen. Gemeinsam mit der 99 5912 wurde sie jedoch am 31. Juli 1975 verschrottet.
Auch diese Lok erhielt noch eine EDV-Betriebsnummer (99 7191-4).

Dampflokomotiven 99 233 bis 99 235

Der VEB Lokomotivbau „Karl Marx" Babelsberg begann Anfang der 50er Jahre mit der Entwicklung einer fünffach gekuppelten Schmalspurlokomotive für 1 000 mm Spurweite. Vorrangig sollten diese Lokomotiven auf der Harzquer- und Brokkenbahn eingesetzt werden und dort die überalterten Maschinen ablösen. Die ersten Baumuster der neuentwickelten Lokomotiven wurden 1955 auf der Brockenstrecke erprobt. In den Jahren 1956 bis 1960 kamen die Neubaulokomotiven 99 233 bis 99 235 zum Bw Gera, Lokbahnhof Gera-Pforten.
Die Lokomotiven waren während des Zeitraumes ihrer Beheimatung auf der Schmalspurstrecke Gera-Pforten—Wuitz-Mumsdorf nur abgestellt. Ein Einsatz erfolgte nicht, da sich die Neubauloks als nicht geeignet für die kurvenreiche Strecke erwiesen hatten.
Heute sind die drei Lokomotiven, zusammen mit ihren 14 Schwesterlokomotiven, als 99 7233 bis 99 7235 auf der Harzquerbahn und der Selketalbahn eingesetzt und beim Bw Wernigerode Westerntor beheimatet.

117

Bild 6.15.
Die 99 6011. abgestellt
im Bahnhof Gera-Pfor-
ten, um 1966.
Foto: Sammlung Taege

Dampflokomotive 99 6011

Am 16. November 1959 kam die (1'B)'B 1'-h4vt-
Malletlok 99 6011 vom Bw Wernigerode Westerntor nach Gera. Nach einer im Raw Görlitz durch-
geführten Zwischenuntersuchung (L2) war die Lok
am 20. Januar 1960 für den Einsatz auf der
Schmalspurbahn Gera-Pforten—Wuitz-Mumsdorf
präpariert: Im Rahmen der Untersuchung hatte
man die Saugluftbremse Bauart Hardy mit Zu-
satzbremse Bauart Riggenbach ausgebaut und
die auf der Geraer Schmalspurbahn übliche Knorr-
Druckluftbremse eingebaut. Diese Lok war
im Jahre 1922 bei Borsig speziell für
den Verkehr auf der Brockenstrecke gebaut
worden. Für die erheblichen Transportleistungen
auf der Brockenstrecke wählte man die außerge-
wöhnliche Achsfolge (1'B)'B 1'. Jedoch erfüllte die
1925 in Betrieb genommene Lok nicht die an sie
gestellten Erwartungen. Die kleinen Treibrad-
durchmesser in Verbindung mit den kurzen Achsständen und den hohen Zugkräften bedingten
sehr schlechte Laufeigenschaften.
Von Januar bis September 1960 war die Lok im
Bahnhof Gera-Pforten abgestellt. im September
lief sie an zwei Tagen 161 km und im Oktober an
sechs Tagen 1 078 km. Am 15. Oktober 1960 wurden die Kolben- und Schieberringe erneuert. Im

November lief sie an 20 Betriebstagen 4 028 km
und im Dezember 1960 an zehn Betriebstagen
nochmals 1 918 km. Danach wurde sie endgültig
abgestellt. Für die Geraer Strecke war sie zu
schwer. In den wenigen Betriebstagen war die
vordere Laufachse mehrmals entgleist. Am 28. Dezember 1961 wurde die Lok, ohne nochmals eingesetzt worden zu sein, dem Z-Park zugeordnet
und am 16. August 1966 ausgemustert. Nach
Überführung in das Raw Görlitz wurde sie am
25. April 1967 zerlegt.

Dampflokomotive 99 183

Die 99 183 entstammt einer aus drei Stück bestehenden Lieferserie, welche Orenstein & Koppel
als pr. T 40 im Jahre 1923 für die Feldabahn
baute. Die DRG bezeichnete 1925 diese Lokomotiven als 99 181 bis 99 183. Besonderes Merkmal
dieser Lokomotiven waren die Luttermöller-Endachsen, die über innenliegende Zahnräder von
der zweiten und vierten Achse angetrieben wurden. Die 99 183 war bis zur Umspurung der Feldabahn im Jahre 1933 auf dieser Strecke eingesetzt.
Anschließend verrichtete sie auf den Schmalspurbahnen Hildburghausen—Lindenau, Eisfeld—
Schönbrunn und auf der Spreewaldbahn ihren
Dienst.

Bild 6.16.
Die Lokomotive 99 183
im Bahnhof Gera-
Pforten, 1967.
Foto: Wünschmann

Etwa 1957 wurden die Luttermöller-Endachsen ausgebaut und die Lok erhielt die Achsfolge 1 C 1. Am 20. Dezember 1962 kam die 99 183 als letzte Lokzuführung zur Geraer Schmalspurstrecke und gehörte bis zur Einstellung des Verkehrs zum Lokomotivbestand des Bw Gera, Lokomotivbahnhof Gera-Pforten. Am 3. Mai, dem Tag des verheerenden Unwetters, befand sie sich im Bahnhof Gera-Pforten. Zusammen mit der 99 5912 wurde sie am 19. Mai 1969 angeheizt, um den letzten Zug von Gera-Pforten nach Wuitz-Mumsdorf zu befördern. Aus dem Bestand der DR wurde sie am 10. Juli 1969 gestrichen. Fünf Tage später wurde die Lok von der Bezirksdirektion für Straßenwesen Karl-Marx-Stadt gekauft. Sie blieb dort abgestellt im Bahnhof Meinersdorf/Erzgebirge, bis sie am 19. August 1969 auf Weisung der Rbd Dresden nach Gera zurückgeschickt wurde. Von August bis November 1969 stand sie im Bw Gera auf einem Loktransportwagen, um einen neuen Käufer zu finden. Dann, im November 1969, ging die Lokomotive nach Dresden, wo sie am 26. November des gleichen Jahres vom VEB Reglerwerk Dresden als Heizlok übernommen wurde.

Der Schienenbus

Der ab 1929 eingesetzte Verbrennungstriebwagen (Schienenbus) mit der Achsfolge 1'A wurde von der Linke-Hofmann-Busch-Werke AG in Werdau und der Maschinenfabrik VOMAG Plauen hergestellt. Mit seinem Vierzylinder-Otto-Motor von 55 kW (75 PS) Leistung erreichte er eine Höchstgeschwindigkeit von 35 km/h. Die Bremse war als Druckluftbremse ausgeführt. Eine Besonderheit des Fahrzeugs war die Ausführung als halbstarres System. Durch den großen Achsstand von 5 700 mm war es notwendig, die Vorderachse beweglich auszuführen. Dies geschah durch Drehen des Lenkrades, analog wie bei einem Straßenfahrzeug. Durch diese beweglich ausgeführte Vorderachse erwartete man eine große Verschleißminderung.

Das Fahrzeug besaß 38 Sitzplätze. Bei Bedarf war es möglich, einen Personenwagen anzuhängen. Die Farbgebung war ursprünglich hellgrün, später wurde sie in weinrot geändert.

Bei in- und ausländischen Fachleuten fand der Schienenbus großes Interesse. So schrieb die Geraer Zeitung vom 8. April 1929: „Der Triebwagen, über den wir am 30. März berichtet haben, ist der erste in Deutschland im Verkehr befindliche Wagen dieser Art. Er hat in Fachkreisen weitgehendes Interesse gefunden. So finden dieser Tage eine Besichtigung mit anschließender ausgedehnter Probefahrt aus Anlaß des Besuches des Bevollmächtigten des Volkskommissars für das

Bild 6.17.
Der Schienenbus auf
der Wendeeinrichtung
im Bahnhof Gera-Pfor-
ten, 1929.
Foto: Sammlung Taege

Bild 6.13. Nochmals im Bahnhof Gera-Pforten: der Schienenbus im Februar 1930.   *Foto: Wachsmuth*

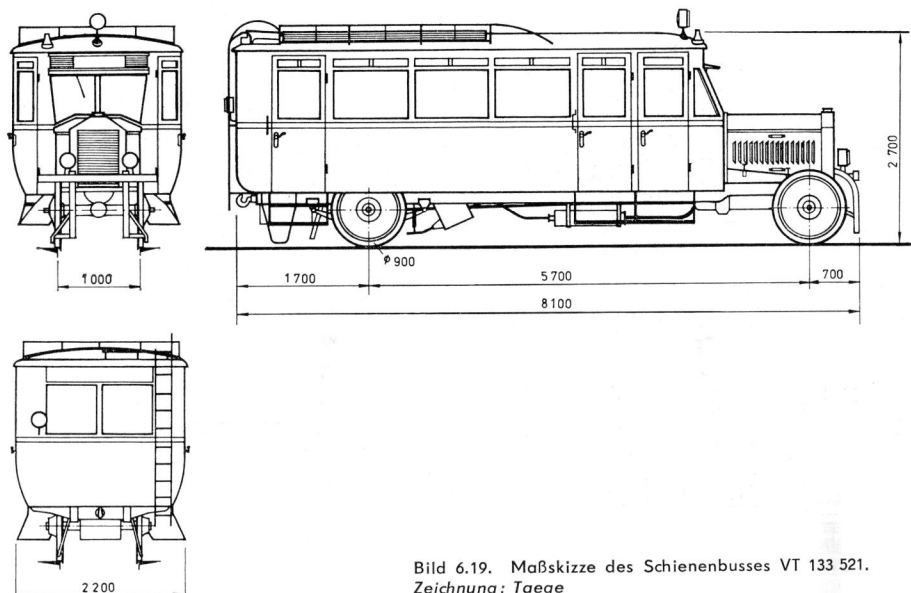

Bild 6.19. Maßskizze des Schienenbusses VT 133 521.
Zeichnung: Taege

Verkehrswesen der Union der Sozialistischen Sowjet-Republik Moskau statt. Die in größerer Begleitung von Ingenieuren und Sachverständigen erschienene Kommission war einstimmig der Überzeugung, daß mit diesem Fahrzeug, das von der Waggonfabrik Linke-Hofmann-Busch-Werke, Werdau, auf Anregung der Direktion der obrigen Gesellschaft gebaut worden ist, ein Verkehrsmittel geschaffen sei, das eine wichtige Verbesserung gerade für Privatbahnen mit verhältnismäßig schwachen Personenverkehr bedeutet. Da das Fahrzeug infolge seinen motorischen Antriebes unmittelbar fahrbereit ist, so dürfte diese Antriebsart auch für sogenannte Eisenbahnrettungszüge ganz besonders geeignet sein."

Die Deutsche Reichsbahn übernahm das nicht im Dauereinsatz gewesene Fahrzeug und bezeichnete es als VT 133 521. In dem Jahre 1948 wurde es zur Franzburger Kreisbahn nach Stralsund umgesetzt. Nach mehreren nicht befriedigenden Versuchen in den Jahren 1950/1951 wurde er endgültig abgestellt und 1962 verschrottet.

6.3. Wagen

Güterwagen

Im Gegensatz zur Lokomotivbeschaffung, bei der die Lokomotivbaufirma A. Borsig als alleiniger Lieferant auftrat, finden sich in den Wagenlisten der G. M. W. E. eine Vielzahl namhafter deutscher Waggonfabriken. Als Hauptlieferanten traten hier besonders die Sächsische Wagenfabrik Werdau und die Waggonfabrik Uerdingen in Erscheinung. Dem Charakter der Bahn entsprechend, bildeten die offenen zwei- und vierachsigen Wagen das Rückgrat des Güterverkehrs. In der Rangfolge danach kamen die Kalkdeckelwagen. An letzter Stelle standen die gedeckten Wagen.
Die zu dieser Zeit anfallenden Gütermengen konnten mit dem vorhandenen Grundbestand durchaus bewältigt werden. Für saisonale Belastungsspitzen, beispielsweise beim Brikettransport in den späten Sommermonaten und der Ernte im Herbst, gab es jedoch zeitweilige Engpässe bei der Bereitstellung bestimmter Wagengattungen. Die Direktion der G. M. W. E. mietete aus diesem Grund von April 1903 bis Dezember 1905 von der DEBG vier Leihwagen der „Localbahn Rhein-Ettenheimmünster".

Bild 6.20.
Ow 5 t Nr. 99-60-52
(ex 102).
Foto: Taege

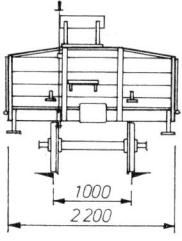

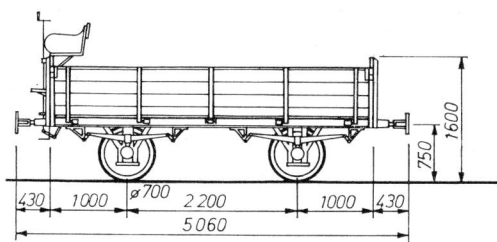

Bild 6.21.
Maßskizze des Ow 5 t
(Betriebsnummern 105 bis
105).
Zeichnung: Taege

Bild 6.22.
Ow 5 t Nr. 99-66-01 (ex 111).
Foto: Taege

Bild 6.23.
Maßskizze des Ow 5 t (Betriebsnummern 111 bis 116): Aufsetz-
bares Gittergestell und Verwendung als Langholztransporter.
Zeichnung: Taege

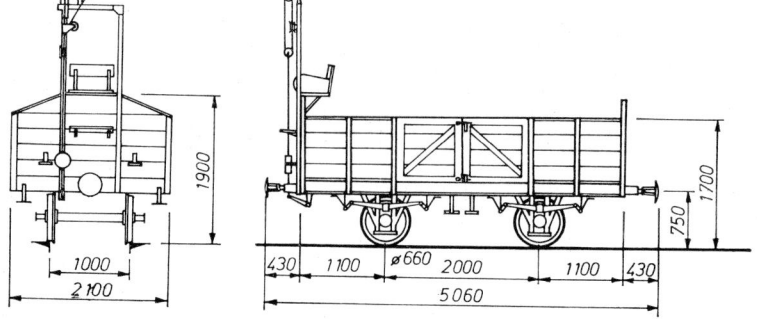

122

Bild 6.24.
Ow 10 t Nr. 99-62-54 (ex 154).
Foto: Vondran

Bild 6.25.
Maßskizze des Ow 10 t (Be-
triebsnummer 151 bis 165.)
Zeichnung: Taege

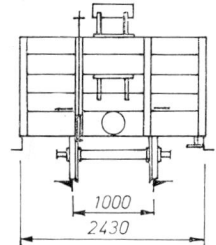
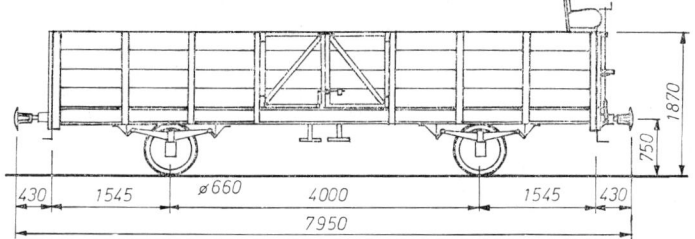

Bild 6.26.
OOw 10 t Nr. 99-63-41 (ex 21
bis 63), zweitürige Bauart Werdau.
Foto: Kieper

Bild 6.27.
Maßskizze des OOw 10 t (Be-
triebsnummern 21 bis 63 und
166 bis 170), zweitürige Bauart
Werdau.
Zeichnung: Taege

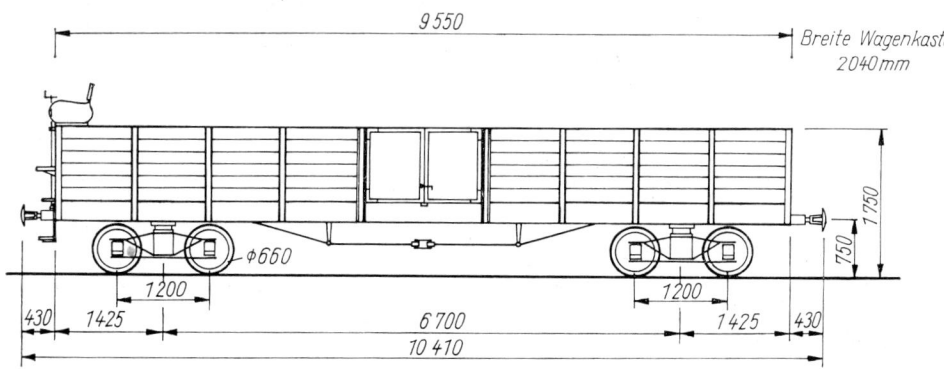

Bild 6.28.
OOw 10 t Nr. 99-63-52 (ex 21 bis 63 oder 166 bis 170), viertürige Bauart Werdau.
Foto: Kieper

Bild 6.29.
Maßskizze des OOw 10 t (Betriebsnummern 21 bis 63 und 166 bis 170), viertürige Bauart Werdau.
Zeichnung: Taege

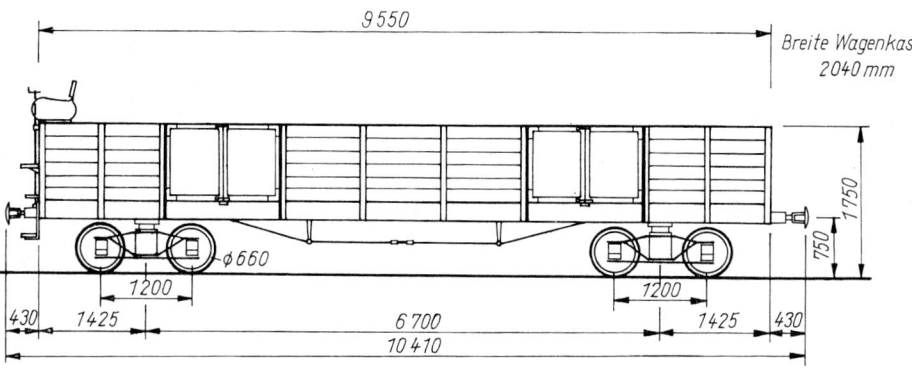

Der Vergrößerung der Ladekapazität diente auch die kostenlose Bereitstellung von weiteren drei offenen vierachsigen Güterwagen durch Vering & Waechter im Jahre 1904. Durch die frühzeitige Beschaffung von selbstentladenden Kalkdeckelwagen der 5-t-Klasse 1901 und 1902 hatte die Bahn die technischen Voraussetzungen für einen rationellen Schüttgutumschlag geschaffen. Die an der Bahn liegenden Kalkwerke hatten schließlich einen bedeutenden Anteil am Frachtgutaufkommen, das in den Folgejahren weiter zunahm.

Im Jahre 1903 wurden deshalb zehn Kalkdeckelwagen der Gattung KKw 10 t bestellt. Offensichtlich hatten sich die seit 1903 bei der G. M. W. E. eingesetzten zwei Wagen dieser Gattung — die ebenfalls von Vering & Waechter bereitgestellt

worden waren — bewährt. Während sie jedoch erst 1907 gekauft wurden, erfolgte die Anlieferung der zehn bestellten Wagen im Oktober 1904 (Betriebsnummern 201 bis 212).

1907 bewilligte die Generalversammlung der Aktionäre die Finanzmittel für die Beschaffung von sechs Güterwagen der Gattung 00 15 t. Und im selben Jahr wurden die drei — seit 1903 auf der Bahn eingesetzten und mit den Nummern 61 bis 63 versehenen — offenen vierachsigen Leihwagen mit 15 t Lademasse von Vering & Waechter gekauft. Die bestellten sechs Güterwagen trafen im Jahre 1908 bei der G. M. W. E. ein und erhielten die Betriebsnummern 64 bis 69.

Bild 6.30.
Maßskizze des Kw 5 t (Be-
triebsnummern 171 bis 195).
Zeichnung: Taege

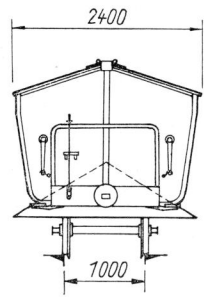

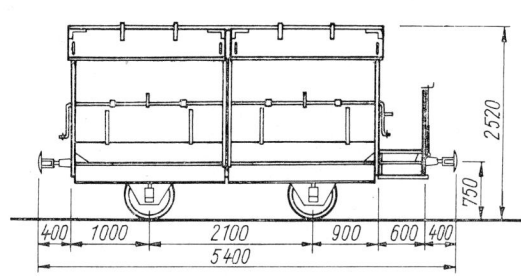

Bild 6.31.
OO 15 t Nr. 99-63-72
(ex 67), Bauart Werdau
mit Bremserhaus.
Foto: Taege

Bild 6.32.
Maßskizze des OO 15 t
(Betriebsnummern 64 bis
69), Bauart Werdau mit
Bremserhaus.
Zeichnung: Taege

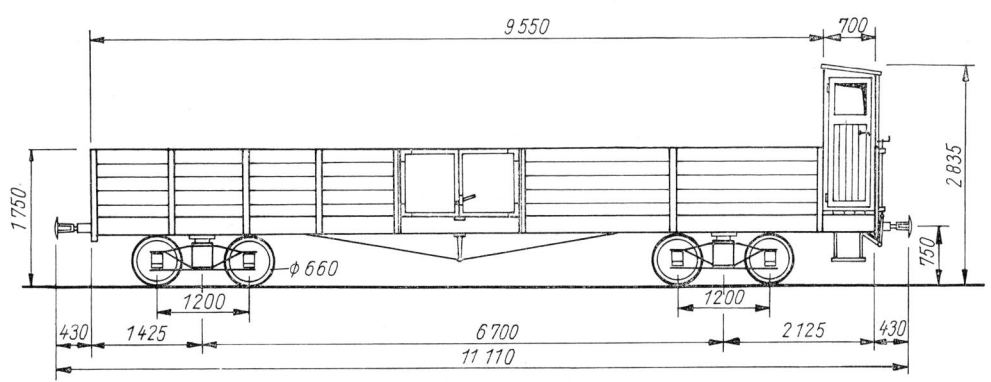

Bild 6.33.
KK 15 t Nr. 99-65-53 (ex 213).
Foto: Taege

Bild 6.34.
Maßskizze des KK 15 t (Be-
triebsnummern 213 bis 218).
Zeichnung: Taege

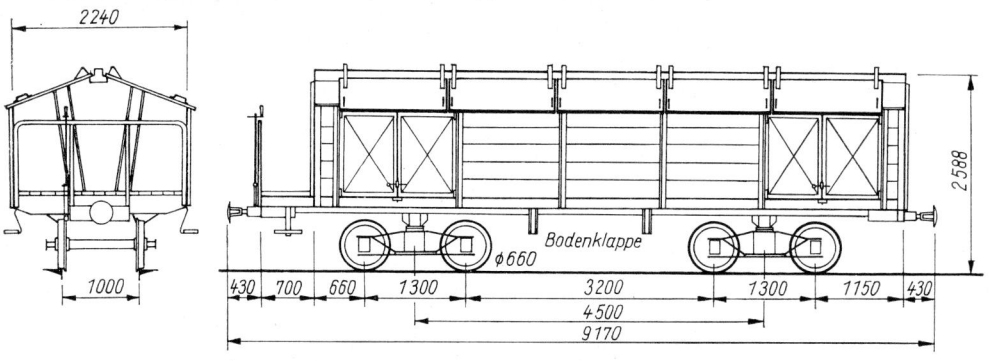

Bild 6.35
Gw 5 t Nr. 99-61-02 (ex 13),
als Bahnhofswagen im Jahre
1969.
Foto: Taege

Bild 6.36
Maßskizze des Gw 5 t (Be-
triebsnummern 12 bis 17).
Zeichnung: Taege

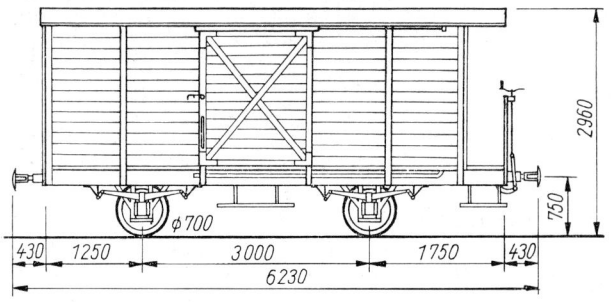
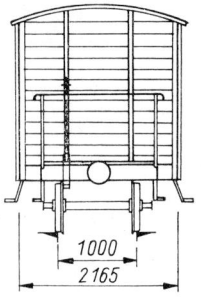

Bild 6.37.
Ow 10 t Nr. 99-62-69 (ex 309),
Niederbordausführung Bauart
Bremen.
Foto: Kieper

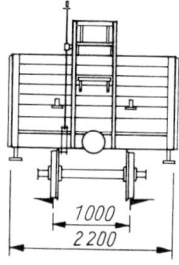
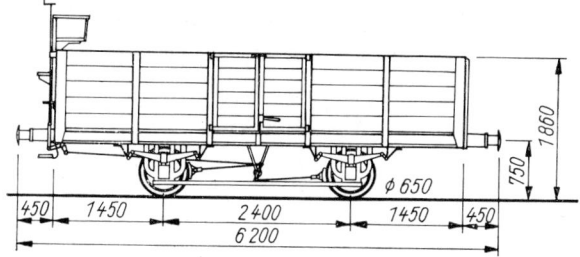

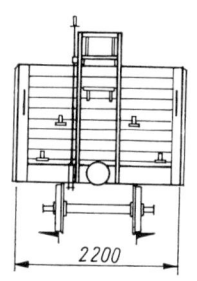
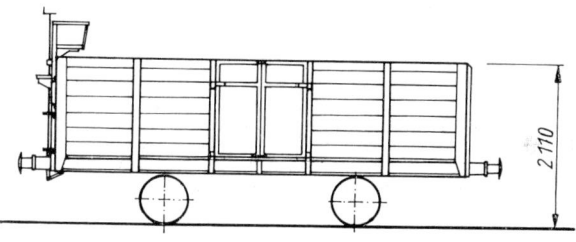

Bild 6.38.
Maßskizze des Ow 10 t
(Betriebsnummern 306
bis 328), Ursprungs-
und Umbauversion der
Bauart Bremen.
Zeichnung: Taege

Bild 6.39.
OOw 10 t Nr. 99-62-78
(ex 318), Hochbordaus-
führung Bauart Bremen.
Foto: Kieper

Bild 6.40
Ow 10 t Nr. 99-62-55 (ex 331).
Bauart Köln-Deutz.
Foto: Kieper

Bild 6.41
Maßskizze des Ow 10 t
(Betriebsnummern 301 bis 305
und 329 bis 332), Bauart Köln-
Deutz.
Zeichnung: Taege

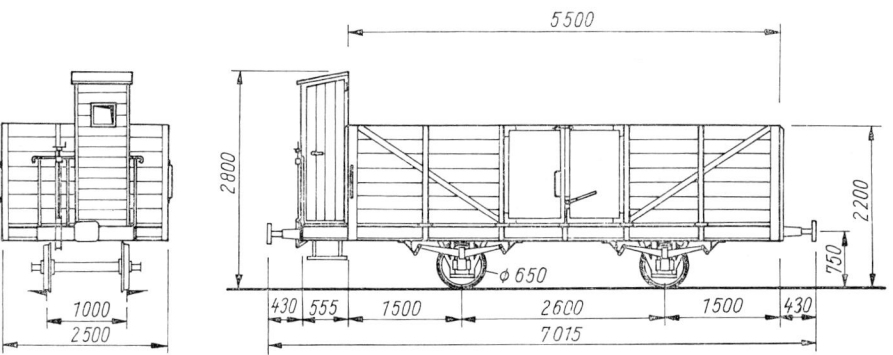

Der inzwischen gravierende Mangel an verfügbaren Kalkdeckelwagen veranlaßte im Jahre 1912 die Bahn zur Bestellung von zehn Wagen der Gattung KK 15 t. Aus Kostengründen wurden ein Jahr später jedoch nur sechs Wagen übernommen (Nummer 213 bis 218).

Die Bahn war damit nach Ansicht des zuständigen Eisenbahn-Kommissars materiell gut ausgestattet. In der Tat erfolgte dann fast zehn Jahre lang keine Neubeschaffung von Güterwagen mehr. Die erste Beschaffungsphase war damit abgeschlossen. Während der Zeit des Ersten Weltkriegs, von Februar bis November 1917, entlieh die G. M. W. E. sechs Drehschemelwagen an die Heeresverwaltung. Noch kurz vor Ende des Kriegs

wurde die Bahn vom Kriegsamt Cassel damit betraut, verstärkt die Brennstoffversorgung der Stadt Gera zu übernehmen, da die Staatsbahn die Transporte infolge Waggonmangels nicht mehr gewährleisten konnte. Deshalb mietete die G. M. W. E. wiederum von der DEBG Güterwagen an, die im September 1919 schließlich eintrafen: ein Ow 5 t, zwei Ow 10 t sowie zwei OO 15 t. Im Januar 1920 folgte ein weiterer OO 15 t. Alle drei vierachsigen offenen 15-t-Güterwagen wurden im selben Jahr von der G. M. W. E. angekauft und erhielten die Betriebsnummern 221 bis 223. Die anderen Wagen gingen im Jahre 1921 auf ihre Heimatstrecken zurück.

H.-W. Behrens, Hauptaktionär des neuen Be-

Bild 6.42.
Gw 10 t Nr. 99-61-12 (ex 352).
Foto: Taege

Bild 6.43.
Maßskizze des Gw 10 t (Betriebsnummern 351 bis 356).
Zeichnung: Taege

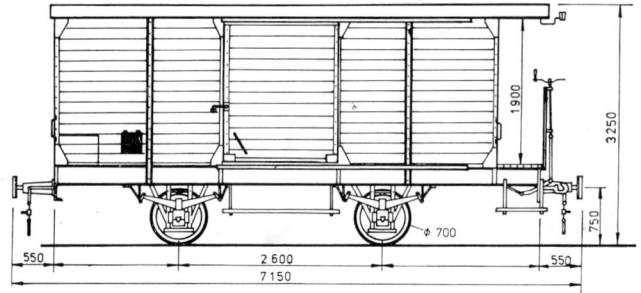

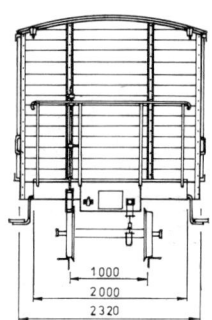

triebseigners, erwarb im November 1921 zum Preis von 414 000 Mark 23 neue Güterwagen der Gattung Ow 10 t, die bei der Reichstreuhandgesellschaft im Lager Parchim standen und von der Entente im Jahre 1919 beschlagnahmt worden waren. Die Wagen erhielten die Betriebsnummern 306 bis 328. Aus anderen Quellen kamen in den Jahren 1921 und 1922 weitere zehn Ow 10 t. Einer davon wurde zu einem gedeckten Bahndienstwagen umgebaut. Die offenen Wagen erhielten die Nummern 301 bis 305 und 329 bis 332. Weiterhin kamen zwei Ow 10 t (Nr. 501 und 502), drei 00 15 t (Nr. 510 bis 512) sowie sechs Gw 10 t (Nr. 351 bis 356) und fünf Ow 5 t (Nr. 521 bis 525) zur Bahn. Sämtliche Wagen des Beschaf-

fungszeitraumes 1921/1922 wurden mit Vertrag vom 15. Dezember 1922 von den Aktionären der Mitteldeutschen-Kohlenhandels-Gesellschaft und den Leumnitzer Kalkwerken an die G. M. W. E. vermietet. Der Grund für die Beschaffung dieser teilweise neuen Güterwagen war der Umstand, daß der Wagenpark durch unzureichende Wartung während des Ersten Weltkriegs stark abgewirtschaftet war. Und nicht zuletzt spielte das Bestreben der Investoren eine Rolle, vor dem weiteren Anwachsen der Inflation ihr Kapital in Sachwerte zu transferieren. Die G. M. W. E. brachten die Wagenmieten allerdings weiter in die roten Zahlen. Durch Verhandlungen mit den Aktionären konnte die Direktion der G. M. W. E. schließlich

Bild 6.44.
OOw 10 t Nr. 99-63-30,
Umbau aus KKw 10 t
(ex 210).
Foto: Scheffler

Bild 6.45.
Maßskizze des KKw 10 t
(Betriebsnummern
201 bis 212).
Zeichnung: Taege

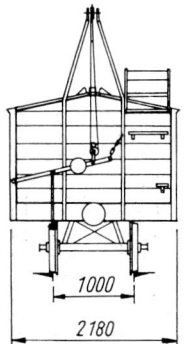

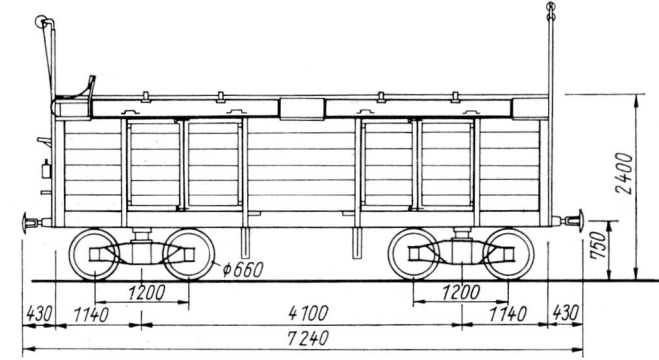

erreichen, daß die besagten Güterwagen am 28. Dezember 1923 an die Bahn verkauft wurden. Insgesamt wechselten damit 50 Güterwagen den Besitzer. Sechs Wagen der Gattung Ow 5 t von der Nachbeschaffung 1921/1922 wurden allerdings bereits im Jahre 1925 wegen technischem Verschleiß ausgemustert.

Ab 1921 wurden vier KKw 10 t in der Geraer Werkstatt zu Wagen der Gattung OOw 10 t umgebaut, da offene Güterwagen dringender gebraucht wurden als Kalkdeckelwagen. Im Jahre 1922 movermietet. Ursache für die Beschaffung dieser Typs. Bis zum Jahre 1936 waren dann alle KKw 10 t in OOw 10 t umgebaut.

Die Wagenwerkstatt in Gera hatte 1925 die Beseitigung der kriegsbedingten Mängel an den Güter- und Reisezugwagen gemeldet. Etwa ab 1927 wurden bei einem Teil der Wagen mit den Nummern 306 bis 328 die Bordwände erhöht, um die Tragfähigkeit dieser Wagen besser ausnutzen zu können. Nachdem schon 1927 die Einführung des Rollwagenverkehrs auf der G. M. W. E. beschlossen worden war, kamen ein Jahr später 14 entsprechende Fahrzeuge zur Bahn. Eingesetzt wurden sie ab 1929.

Bis zum Jahre 1935 blieben der Wagenbestand und die Gesamtladekapazität ansonsten nahezu unverändert. Schüttgüter stellten in den 30er Jah-

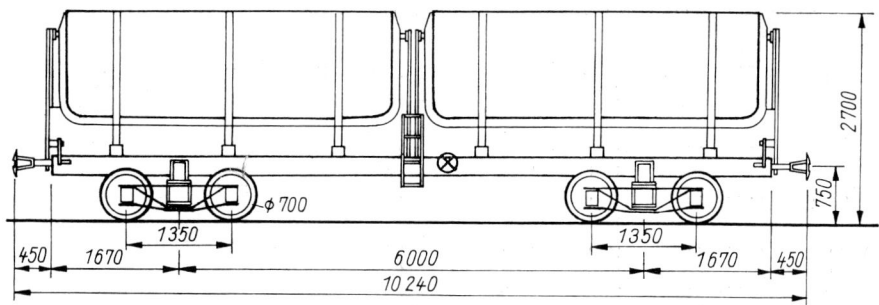

Bild 6.46. Maßskizze des OOtm 20 t (Betriebsnummern 401 bis 428). *Zeichnung: Taege*

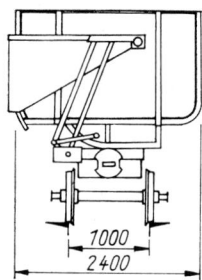

Bild 6.47. OOtm 20 t Nr. 99-64-13 (ex 413). *Foto: Heinrich*

Tabelle 6.6. Umnummerierte Güterwagen Ow 10 t nach Umsetzungen

DR-Nummer auf ehemaliger G.M.W.E.	DR-Nummer nach Umsetzung
99-62-50	99-53-22[1])
99-62-59	99-53-23[1])
99-62-62	99-53-24[1])
99-62-74	99-53-25[1])
99-62-77	99-53-26[1])
99-62-79	99-53-27[1])
99-62-84	99-53-28[1])
99-62-86	99-53-29[1])
99-62-60	99-03-47[2])
99-62-83	99-03-48[2])

ren die wichtigste Einnahmequelle der Bahn dar. Als sich durch den Autobahnbau die Möglichkeit bot, größere Erdstofftransporte auf der Schmalspurbahn durchzuführen, bestellte die G.M.W.E. im Jahre 1934 insgesamt 28 Großraum-Kippwagen. Diese Fahrzeuge gelangten bis zum Jahre 1936 auf die Bahn und erhielten die Nummern 401 bis 428. Die zweite Beschaffungsperiode von Güterwagen bei der G. M. W. E. schloß damit ab.

[1]) Umsetzung zur Spreewaldbahn um 1958
[2]) Umsetzung zur Harzquerbahn 1959

Tabelle 6.5. Von 1901 bis 1969 beschaffte Güterwagen der ehemaligen G.M.W.E.

Gattung	G.M.W.E.-Nr.	Bau-jahr	Beschaffung	Stück	Hersteller bzw. Herkunft	Übernahme durch DR 1949 (Stück)	Bemerkungen
Gw 5 t	12 bis 17	1899	1901	2	Hofmann	2	um 1960 +
		1901	1901	4	Hofmann	4	um 1960 +
OOW 10 t	21 bis 59	1901	1901	15	Werdau	15	bis 1967 +
		1902	1902	23	Werdau		
OO 15 t	61 bis 63	1902	1903	3	Rastatt	3	vor 1955 +
OO 15 t	64 bis 69	1908	1908	6	Werdau	6	bis 1967 +
Rollbock	81 bis 83	1900	1901	3	Hofmann	—	
Rollwagen	84 bis 97	1928	1928	14	Tilmann		
Ow 5 t	101 bis 105	1901	1901	5	Uerdingen	5	bis 1969 +
Ow 7,5 t	106 bis 110	1898	1901	5	Uerdingen	—	um 1925 +
Ow 5 t	111 bis 116	1899	1901	6	Uerdingen	6	bis 1969 +
Ow 5 t	117 bis 138	1899	1902	22		19	bis 1965 +
Ow 10 t	151 bis 165	1902	1902	15	Uerdingen	15	bis 1970 +
OOw 10 t	166 bis 170	1902	1902	5	Werdau		bis 1967 +
Kw 5 t	171 bis 172	1901	1901	2	Köln-Deutz		bis 1962 +
	173 bis 195	1902	1902	23	Köln-Deutz	18	
KKw 10 t	201 bis 202	1903	1903	2	Werdau		Umbau in 0ow 10 t
	203 bis 212	1904	1904	10	Werdau	12	
KK 15 t	213 bis 218	1913	1913	6	Goossens	6	bis 1967 +
OO 15 t	221 bis 223	1904	1919	3	Rastatt	3	bis 1967 +
Ow 10 t	301 bis 305	1919	1921	5	Köln-Deutz		bis 1967 +
	306 bis 328	1918	1921	23	Bremen	22	bis 1967 +
	329 bis 332	1919	1921	4	Köln-Deutz		bis 1967 +
Gw 10 t	351 bis 356	1918	1922	6	Köln-Deutz	6	bis 1967 +
OOtm 20 t	401 bis 428	1935	1935	28	O & K	28	bis 1971 +
Ow 10 t	501 bis 502		1921	2		2	bis 1965 +
OO 15 t	510 bis 512		1921	3		1	bis 1967 +
Ow 5 t	521 bis 525		1922	5		2	bis 1965 +
	DR-Nummer						
Ot 15 t	99-64-51 bis 99-64-54	1901 bis 1955	1956	4	HHE		ex Basaltwagen
OOtm 20 t	99-64-29		1956	1	FB		1936 nach Eisfeld
GG 15 t	99-61-21 bis 99-61-23	1911	1950	4	Eisfeld bzw. HHE		davon 1 Umbau in BD-Wagen
OO 15 t	99-63-81	1913	1955	5	Rbd Erfurt		Fremdwagen
OOw 10 t		1918	1955	12	Rbd Erfurt		Fremdwagen
OOw 10 t		1901/1902	1955	25	Rbd Erfurt		
Rf 4	99-40-01		1968				
Rf 4	99-40-02		1968	2	Klingenthal		
Ow 10 t	99-60-51	1918	1955	1	G.M.W.E.		Wasserwagen[1]
Ow 5 t	99-60-52	1901	1901	1	G.M.W.E.		Arbeitswagen[1]
BD	99-60-53	1911	1950	1	Eisfeld bzw. HHE		ex GG 15 t
BD	99-60-54	1955	1955	1			Schneepflug
BD	99-40-92	1917	1962	1	Reichenbach		Sprengwagen
SSm 20 t	99-66-51	1900	1955	1	Rbd Erfurt		Schienen-transportwagen

* Ausmusterung der durch die DR übernommenen Wagen
Erf Erfurt
[1] gehörten nicht zur dritten Beschaffungsperiode

Tabelle 6.7. Entwicklung der Lademasse aller G.M.W.E.-Güterwagen

Jahr	Gesamtlademasse (t)
1901	500
1904	1 000
1913	1 270
1936	2 260
1939	2 175
bis 1945	bis 2 235

In den Jahren 1935 und 1940 wurden je drei Güterwagen der Gattung OOw 10 t aus den Baujahren 1901/1902 aus dem Bestand entfernt. Der
Grund ist nicht bekannt. Und für das Jahr 1942
weist die Statistik einen Neuzugang von fünf Güterwagen (OO 15 t) aus.
Nach dem Zweiten Weltkrieg war der Wagenbestand im Jahre 1947 gleich dem im Jahre 1942.
Bei Übernahme der ehemaligen G. M. W. E. zur
DR zeigte die Bestandsaufnahme, daß es während

Bild 6.48.
GG 15 t Nr. 99-61-22.
Foto: Taege

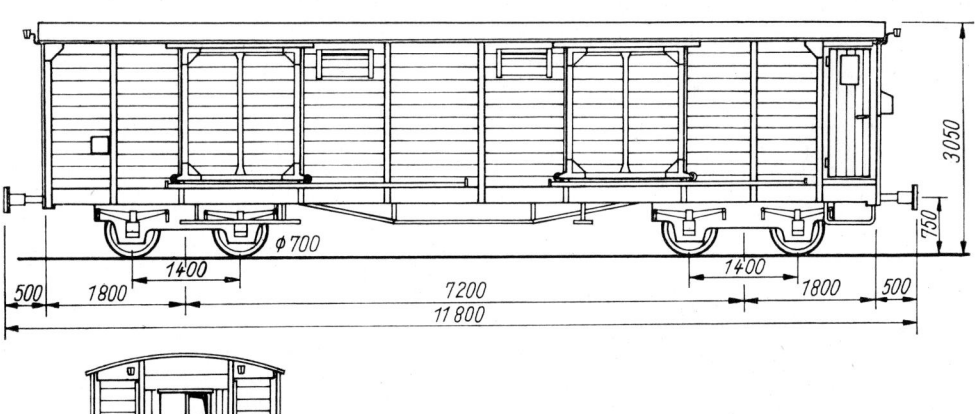

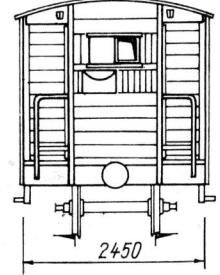

Bild 6.49. Maßskizze des GG 15 t mit Bremserhaus.
Zeichnung: Taege

Bild 6.50.
Ot 15 t Nr. 99-64-54 in Brahme-
nau, 1957.
Foto: Meyer

Bild 6.51.
Maßskizze des Ot 15 t (Num-
mern 99-64-51 bis 99-64-54).
Zeichnung: Taege

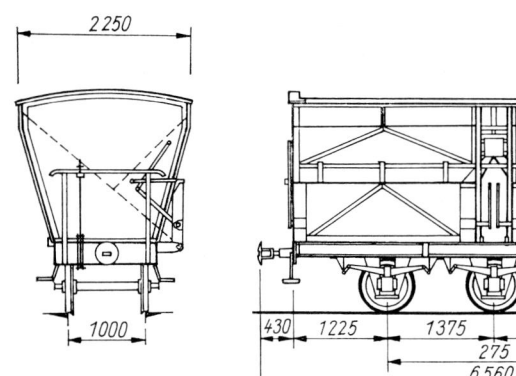

Bild 6.52.
Gerätewagen 99-60-52
(ex GG 15 t).
Foto: Taege

Bild 6.53. Schienentransportwagen SSm 20 t Nr. 99-66-51.
Foto: Heinrich

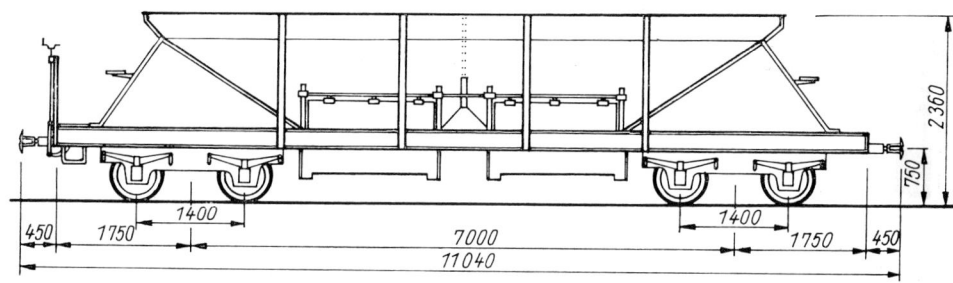

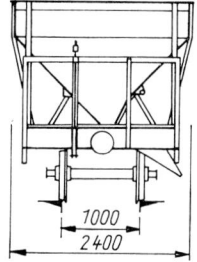

Bild 6.54. Maßskizze des OOtm 20 t Nr. 99-64-29.
Zeichnung: Taege

dieser Zeit Veränderungen im Bestand gegeben hatte, und zwar bei den Gattungen Ow, OOw und OO. Bekannt ist, daß die Deutsche Reichsbahn zu Anfang der 50er Jahre Schmalspurwagen zwischen verschiedenen Schmalspurstrecken umsetzte, um so unterschiedliche territoriale Bedürfnisse bei den einzelnen Bahnen auszugleichen. Als Neuzugang kamen um 1950 vier GG 15 t zur Geraer Schmalspurbahn. Ein Wagen dieser Gattung wurde hinsichtlich der geplanten Oberbauerneuerung im Jahre 1955 zu einem Bahndienst-

wagen umgebaut. Im Zusammenhang mit der Oberbauerneuerung standen auch die Zuführung von vier dreiachsigen Selbstentladewagen mit einem Ladegewicht von 15 t für den Schotter- und Kiestransport im Jahre 1956 sowie die eines Schienentransportwagens von 20 t Tragfähigkeit. Einer von ursprünglich zwei Basalttransportwagen der umgespurten Feldabahn (Gattung OOtm 20 t) gelangte um 1955 ebenfalls nach Gera-Pforten. Die DR vergrößerte Mitte der 50er Jahre die Transportkapazität der Bahn weiterhin dadurch,

Bild 6.55.
Schneepflug 99-60-54 in
Gera-Leumnitz, 1970.
Foto: Heinrich

Tabelle 6.8.
Hauptabmessungen der Güterwagen

ex G.M.W.E.-Nr.	DR-Nummer von Beispielwagen	Gattung	Eigenmasse (kg)	LüP (mm)
12 bis 17	99-61-02	Gw 5 t	4 000	6 680[1]
	99-61-06	Gw 5 t	3 600	6 230[2]
21 bis 59	99-63-52	OOw 10 t	6 200	10 410
61 bis 63		OO 15 t	6 650	10 940
64 bis 69	99-63-72	OO 15 t	8 130	11 110
81 bis 83		Rollbock		1 750
84 bis 97		Rollwagen	6 000	—
101 bis 105	99-60-52	Ow 5 t	3 490	5 060
106 bis 110	—	Ow 7,5 t	4 500	6 320
111 bis 116	99-66-01	Ow/Hw 5 t	3 500	5 060
117 bis 138	99-62-06	Ow 5 t	2 600	5 020
151 bis 165	99-62-45	Ow 10 t	4 630	7 950
166 bis 170	99-63-41	OOw 10 t	6 450	10 410
171 bis 195	99-65-10	Kw 5 t	4 870[1]	5 400[1] 4 800[2]
201 bis 212	—	KKw 10 t	6 550	7 240
	99-63-30	OOw 10 t[3]	6 240	7 240
213 bis 218	99-65-53	KK 15 t	11 050	9 170
221 bis 223				
301 bis 305	99-62-55	Ow 10 t	5 900	7 015
329 bis 332				
306 bis 328	99-62-69	Ow 10 t	4 070[4]	6 200
	99-62-78	Ow 10 t	4 530[5]	6 200
351 bis 356	99-61-15	Gw 10 t	6 320	7 150[1]
	99-61-13	Gw 10 t	6 050	6 550[2]
401 bis 428	99-64-08	OOtm 20 t	12 980	10 240
—	99-64-29	OOtm 20 t	12 200	11 040
—	99-64-54	Ot 15 t	7 970	6 560
—	99-61-22	GG 15 t	10 910[1]	11 800
—	99-66-51	SSm 20 t	8 000	10 890

[1]) mit Bremserbühne
[2]) ohne Bremserbühne
[3]) ex KKw 10 t
[4]) Niederbordwände
[5]) Hochbordwände

Bild 6.56.
Sprengwagen 99-40-92
in Gera-Pforten.
Foto: Vondran

Breite (mm)	Höhe (mm)	Drehgestell-abstand (mm)	Drehzapfen-abstand (mm)	Achsstand (mm)	Wagen-kasten Länge (mm)	Breite (mm)	Höhe (mm)	Lade-fläche (m²)	Raum-inhalt (m³)
2 165	2 960	—	—	3 000	5 320	2 085	1 860	10,6	
2 165	2 960	—	—	3 000	5 330	2 080	1 840	10,6	
2 040	1 750	1 200	6 700	7 900	9 550	2 040	850	18,4	
2 330	1 900	1 500	6 000	7 500	10 000	2 330	900	23,0	
2 040	1 750	1 200	6 700	7 900	9 550	2 040	850	18,4	
1 160	680	—	—	1 000	—	—	—	—	—
1 635	460	1 200	2 900	4 100	5 500	1 635	460	—	—
2 200	1 600	—	—	2 200	4 200	2 120	650	9,1	
1 750	1 900	—	—	2 750	5 400	1 750	1 000	8,85	
2 100	1 970	—	—	2 000	4 220	2 100	800	8,2	
2 100	1 710	—	—	1 650	4 220	2 100	800	8,2	
2 430	1 870	—	—	4 000	7 090	2 430	970	16,7	
2 040	1 750	1 200	6 700	7 900	9 550	2 040	850	18,5	
2 400	2 520	—	—	2 100	4 000	2 400		—	7,5
2 400	2 520	—	—	2 100	4 000	2 400		—	7,5
2 180	2 400	1 200	4 100	5 300	6 380	2 180	1 710	13,2	15,1
2 180	2 090	1 200	4 100	5 300	6 380	2 180	1 200	13,3	—
2 240	2 588	1 300	4 500	5 800	7 560	2 240	1 000	16,5	16,5
2 500	2 200	—	—	2 600	5 500	2 500	1 250	13,7	
2 300	1 860	—	—	2 400	5 300	2 300	950	12,2	
2 200	2 110	—	—	2 400	5 300	2 300	1 260	11,3	
2 320	3 250	—	—	2 600	5 520	2 320	1 960	12,2	
2 300	3 250	—	—	2 600	5 520	2 320	1 960	12,0	
2 400	2 700	1 350	6 000	7 350				—	2 × 10,5
2 400	2 360	1 400	7 000	8 400	10 500	2 400	1 500	—	2 × 7,5
2 250	2 850	—	—	2 750	5 700	2 250	1 950	—	2 × 5,55
2 450	3 050	1 400	7 200	8 600	10 000	2 300	2 115	23,0	—
2 400	1 050	1 250	6 400	7 650	10 000	2 400	—	24,0	

Bild 6.57
Wasserwagen 99-60-51 (ex Ow
10 t der Bauart Bremen).
Foto: Kieper

daß sie durch Abverfügung Güterwagen anderer Schmalspurbahnen der Rbd Erfurt nach Gera-Pforten umsetzte. So gelangten fünf Wagen der Gattung OO 15 t (Baujahr 1913), zwölf Wagen der Gattung OOw 10 t (Baujahr 1918) und 25 ehemalige G. M. W. E.-Rückführungswagen, die zwischen 1947 und 1949 abgezogen worden waren, zur Geraer Schmalspurbahn zurück.

Den Abschluß der dritten Beschaffungsperiode bildete ein im Jahre 1955 gebauter Schneepflug sowie der im Jahre 1962 von der Reichenbacher Schmalspurbahn kommende Sprengwagen zur Unkrautvertilgung.

Aus dem Wagenbestand der Gattung Ow 10 t, Beschaffungsjahr 1921, gab die Geraer Schmalspurbahn in den Jahren 1958 und 1959 eine Anzahl an die Harzquerbahn und an die Spreewaldbahn ab. Zu dieser Zeit machte sich bereits der rückläufige Güterverkehr bemerkbar. Die DR begann deshalb ab 1962 mit der Aussonderung älterer Wagen der Gattung Ow 5 t aus den Baujahren 1899, 1901 und 1902. Auch die Gw 5 t der Baujahre 1899 und 1901 wurden zu dieser Zeit bereits mit dem weißen „A" versehen. Noch vor der regulären Betriebseinstellung standen in den Bahnhöfen und Haltestellen der Strecke zahlreiche ausgemusterte Güterwagen. Das Rückgrat des nach dem 4. Mai 1969 verbliebenen Werkanschlußverkehrs bildeten die 28 Selbstentladewagen der Gattung OOtm 20 t.

Reisezug- und Gepäckwagen

Da der Reiseverkehr bei der G. M. W. E. nur von untergeordneter Bedeutung war, hielt sich die Ausstattung der Bahn mit Reisezug- und Gepäckwagen in engen Grenzen. Von 1901 bis 1937 blieb der Bestand von sechs zweiachsigen Reisezugwagen konstant: Vier Wagen gehörten zur Gattung BC und zwei zur Gattung C (Betriebsnummern 1 bis 6). Die Beleuchtung erfolgte durch Leuchtgas (1901) und die Beheizung anfangs durch Kohleöfen im Fahrgastraum der Wagen.

Bei der Betriebseröffnung der G. M. W. E. waren auch zwei Post/Gepäckwagen vorhanden, die die Nummern 9 und 10 trugen. Beide Fahrzeuge wurden im Jahre 1922 nach Einschränkung der Bahnpostbeförderung mit je einem Zwölfpersonen-Abteil versehen. Diese Wagen wurden den Güterzügen beigestellt, so daß seit dieser Zeit eine Mitfahrgelegenheit in außerplanmäßigen Zügen bestand.

Im Jahre 1929 machte die Bahn eine Neuanschaffung: Sie erwarb zwei kombinierte Personen/Gepäckwagen (Nummer 7 und 8), die ebenfalls in verkehrsschwachen Zeiten den Güterzügen beigestellt wurden.

Durch technischen Verschleiß bedingt und durch schwachen Personenverkehr begünstigt, begann die G. M. W. E. im Jahre 1937 mit der Ausmusterung von zwei Reisezugwagen der Gattung BC

Bild 6.58. Salonwagen 4, erstaunlicherweise Gattung BC, später als 901-251 umgezeichnet.   *Foto: Sammlung Taege*

Bild 6.59.   Personenwagen KB 901-252 (ex 6).
Foto: Heinrich

Bild 6.60. Post-Gepäckwagen 10, später als 99-61-52 umgezeichnet. *Foto: Sammlung Taege*

Bild 6.61. Maßskizze des KPw 99-61-51 und 99-61-52 (ex 9 und 10). *Zeichnung: Taege*

(Nummer 1 und 2). Ein Jahr später folgten die Wagen 3 und 5 (Gattungen BC und C). Im Einsatz verblieben nur noch die Wagen 4 und 6. Wagen 4 war bis dahin Salonwagen für „Höchste" und „Allerhöchste Fahrgäste" bzw. Revisionswagen für die Hauptaktionäre der G. M. W. E.-AG. Das Platzangebot bei den Reisezug- und kombinierten Wagen war von einstmals 192 (richtig

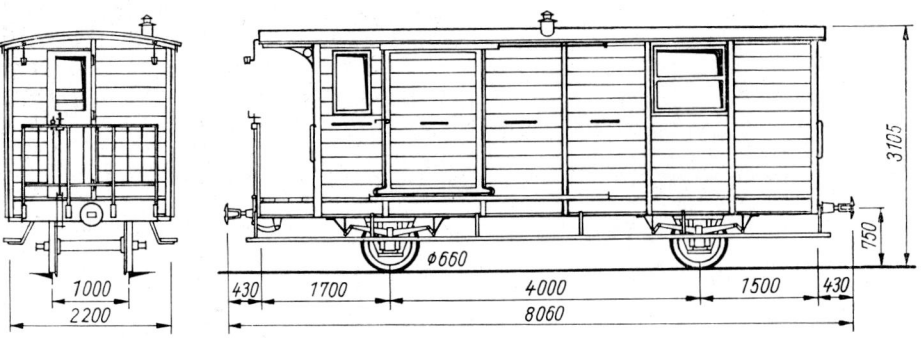

Bild 6.62 Personen/Gepäckwagen KBD 903-251 (ex 7), hier im August 1968 in Wuitz-Mumsdorf.   *Foto: Taege*

Bild 6.63. Gepäckwagen KDw 905-051 (ex 8). *Foto: Heinrich*

Bild 6.64. KB 4 tr 900-301 im Bahnhof Gera-Pforten, 1968.
Foto: Taege

Bild 6.65. KB 4 Nr. 900-306. *Foto: Vondran*

Bild 6.66.
KB 4 Nr. 909-312.
Foto: Heinrich

Bild 6.67. KB 4 p Nr. 900—313.   *Foto: Taege*

Tabelle 6.9. Von 1901 bis 1969 beschaffte Reisezug- und Gepäckwagen der ehemaligen G.M.W.E.

G.M.W.E.-Nr.	G.M.W.E.-Gattung	2. DR-Nr. 1957	DR-Gattung 1957	Baujahr	Hersteller	Beschaffung	Herkunft	Ausmusterung
1	BC	—	—	1901	Görlitz	1901	—	1937
2	BC	—	—	1901	Görlitz	1901	—	1937
3	BC	—	—	1901	Görlitz	1901	—	1938
4	BC	901-251	KB p	1901	Görlitz	1901	—	1969
5	C	—	—	1901	Görlitz	1901	—	1938
6	C	901-252	KB	1901	Görlitz	1901	—	1969
7	C Pw	903-251	KB D	1929	Görlitz	1929	—	1969
8	C Pw	905-051	KD w	1929	Görlitz	1929	—	1969
9	Pw Post	99-61-51	KPwg	1901	Görlitz	1901	—	1968
10	Pw Post	99-61-52	KPwg	1901	Görlitz	1901	—	1968
—	—	900-301	KB 4 tr	1899	Hof	1950	Eisfeld	1969
—	—	900-305	KB 4	1910	Görlitz	1950	Eisfeld	1969
—	—	900-306	KB 4	1910	Görlitz	1950	Eisfeld	1969
—	—	900-311	KB 4	1912	Görlitz	1950	Eisfeld	1969
—	—	900-312	KB 4	1912	Görlitz	1950	Eisfeld	1969
—	—	900-313	KB 4p	1912	Görlitz	1950	Eisfeld	1969
—	—	900-321	KB 4ip	1956	Raw KMSt	1956	Sachsen	1969
—	—	900-322	KB 4ip	1956	Raw KMSt	1956	Sachsen	1969
—	—	904-061	KD 4	1956	Raw KMSt	1956	Sachsen	1969

KMST Karl-Marx-Stadt
Sachsen Schmalspurbahnnetze Sachsens

Bild 6.68. KB 4 ip Nr. 900—321.   Foto: Heinrich

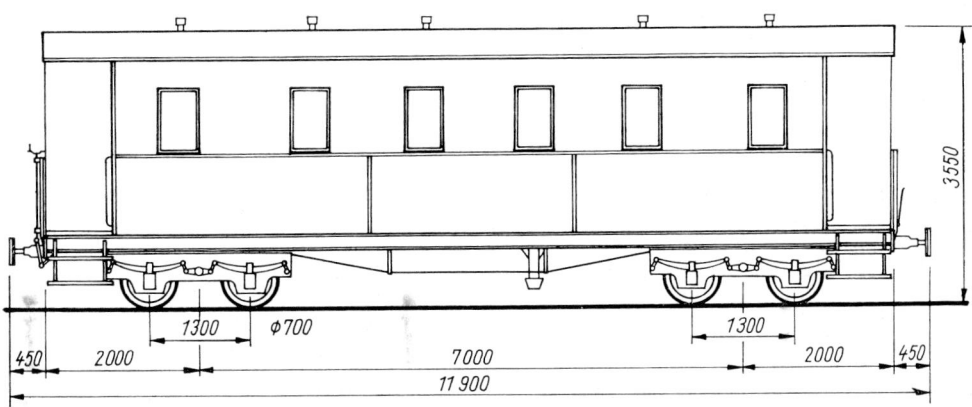

3550

1300   ⌀700   1300

450   2000   7000   2000   450

11 900

eigentlich 183, da der Wagen 4 nur 23 statt der
angegebenen 32 Plätze besaß) auf 104 Plätze im
Jahre 1938 zurückgegangen. Dabei blieb es nicht:
Bei Wagen Nr. 10 wurden 1939 die zwölf Sitzplätze wieder entfernt!
Nach 40 Betriebsjahren für den Personenverkehr
auf der G. M. W. E. waren nur noch verblieben:
zwei Reisezugwagen, zweiachsig, Gattungen BC

Bild 6.69.   Maßskizze   des   Personenwagens   KB 4 ip
Nr. 900-321 und 900-322.   *Zeichnung: Taege*

Bild 6.70.   KD 4 Nr. 904—061.   *Foto: Kieper*

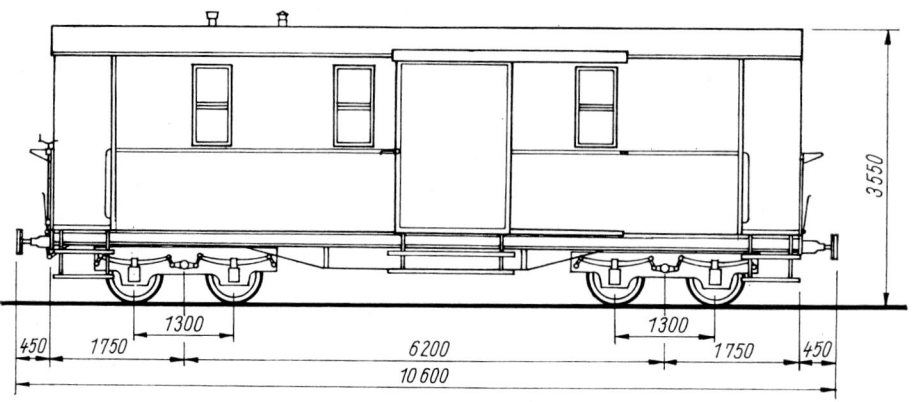

Bild 6.71. Maßskizze des KD 4 Nr. 904—061.
Zeichnung: Taege

und C und vier Gepäckwagen, davon drei mit Abteilen für die Personenbeförderung 3. Klasse. Während und nach der Zeit des Zweiten Weltkriegs ergaben sich keine Bestandsveränderungen. In Dienstbesprechungen von Betriebsleitern der Thüringer Landesbahnen im Jahre 1947 machte der Vertreter der Geraer Schmalspurbahn auf den stark angestiegenen Personenverkehr zwischen Gera und Wuitz-Mumsdorf aufmerksam.

Tabelle 6.10. Hauptabmessungen der Reisezug- und Gepäckwagen

G.M.W.E.-Nr.	2. DR-Nr. 1956	DR-Gattung 1956	Eigenmasse (t)	Sitzplätze	Abteile	Ladefläche (m²)	LüP (mm)	Drehgestellabstand (mm)	Drehzapfenabstand (mm)	Achsabstand (mm)	Bemerkungen
1	—	ex BC	7,2	32	2	—	8 900	—	—	4 000	O, Gs
2	—	ex BC	7,2	32	2	—	8 900	—	—	4 000	O, Gs
3	—	ex BC	7,2	32	2	—	8 900	—	—	4 000	O, Gs
4	901-251	KB p	7,4	(23) 32	2	—	8 900	—	—	4 000	D, Gs
5	—	ex C	7,1	32	2	—	8 900	—	—	4 000	O, Gs
6	901-252	KB	7,1	32	2	—	8 900	—	—	4 000	O, dyn
7	903-251	KBD	8,3	8	3	5,2	8 900	—	—	4 000	O, dyn
8	905-051	KDw	7,6	—	2	10,2	8 900	—	—	4 000	O, dyn
9	99-61-51	KPwg	7,2	12	3	5,0	8 060	—	—	4 000	O, dyn
10	99-61-52	KPwg	7,0	—	2	9,0	8 060	—	—	4 000	O, dyn
—	900-301	KB 4tr	9,1	30	2	—	9 450	1 300	5 000	6 300	D, el
—	900-305	KB 4	12,0	36	2	—	11 200	1 400	6 000	7 400	D, el
—	900-306	KB 4	11,7	40	2	—	11 200	1 400	6 000	7 400	D, el
—	900-311	KB 4	10,7	36	2	—	10 460	1 400	6 000	7 400	D, el
—	900-312	KB 4	11,0	40	2	—	10 460	1 400	6 000	7 400	D, el
—	900-313	KB 4p	11,2	36	2	—	10 460	1 400	6 000	7 400	D, el, A
—	900-321	KB 4 ip	14,3	38	2	—	11 900	1 300	7 000	8 300	D, el, A
—	900-322	KB 4 ip	14,1	38	2	—	11 900	1 300	7 000	8 300	D, el, A
—	904-061	KD 4	13,3	—	2	9,6	10 600	1 300	6 200	7 500	D, el, A

O   Ofenheizung
D   Dampfheizung
Gs Gasbeleuchtung

dyn Dynamobeleuchtung
el   elektrische Beleuchtung
A   mit Abort

Bild 6.72. Nachdem die Lok 99 5912 einen OOtm-Güterzug zu den Kaynaer Quarzwerken gebracht hat, kehrt sie von dort als Leerzug nach Wuitz-Mumsdorf zurück. Eine Aufnahme vom August 1968.   *Foto: Taege*

Da der DR ab 1949 die Austattung der Bahn mit Betriebsmitteln oblag, dürften die Hinweise des Betriebsleiters aus Gera der Anlaß dafür gewesen sein, daß aus dem Bereich der Rbd Erfurt ab 1950 insgesamt sechs vierachsige Reisezugwagen nach Gera-Pforten umbeheimatet wurden. Es handelte sich im wesentlichen um drei verschiedene Bauarten, wie sie auch auf anderen 1 000-mm-Bahnen unter ehemals preußischer Verwaltung zu finden waren. Die Wagen stammten ursprünglich von der Feldabahn, der HHE und der Eisfelder Schmalspurbahn.

Im Jahre 1956 kamen drei Neuzugänge auf die Geraer Bahn. Es waren Umbauten aus 750-mm-spurigen sächsischen Schmalspurwagen, in deren Erprobung zwischen Gera-Pforten und Wuitz-Mumsdorf die DR große Hoffnungen setzte. Galt es doch, den überalterten Reisezugwagenbestand bei vielen Schmalspurbahnen aufzufrischen. Die bei den Versuchen gewonnenen Erkenntnisse sollten bei der Rekonstruktion weiterer Wagen für andere Schmalspurstrecken verwendet werden. So fand am 1. Juli 1957 eine erfolgreiche Probefahrt mit Vertertern der Abteilung Wagenwirtschaft der Rbd Dresden statt. Nach Eintreffen der vierachsigen Reisezugwagen wurden die Personenabteile der ehemaligen Wagen Nr. 9 und 8 ausgebaut. In der Folge wurden eine Anzahl sächsischer Schmal-spurwagen mit Drehgestellen für 1 000 mm Spurweite versehen und auf der Spreewaldbahn zum Einsatz gebracht.

Zu den Punkten der Erpobung gehörte auch der versuchsweise Einsatz der 24-V-Einheits-Dynamobeleuchtung, die in der Folge auf andere Reisezug- und Gepäckwagen übertragen worden ist und bei den meisten anderen Schmalspurbahnen der DR Einzug hielt.

Bis zur Betriebseinstellung im Jahre 1969 ergaben sich keine Bestandsveränderungen mehr. Alle vorhandenen Wagen wurden 1969 ausgemustert und standen bis 1970 im Bf Wuitz-Mumsdorf. Der größte Teil der ausgemusterten Wagen wurde an Betriebe oder Privatinteressenten verkauft. Zwei Umbauwagen aus dem Jahre 1956 (900-321 und 900-322) sowie der Bahndienstwagen 99-60-53 wurden nach einer Umrüstung im Werk für Gleisbaumechanik Brandenburg-Kirchmöser dem zweiten Gleisbauzug für Vietnam beigestellt und 1972 nach Haiphong verschifft. Sechs Reisezugwagen-Oberteile erhielten ein Kindergarten in Zipsendorf und die Gemeinde Mumsdorf. Der ehemalige Gepäckwagen 904-061 gelangte nach Spora. Die restlichen Wagen wurden bis zum Jahre 1972 verschrottet. Wagen 903-251 stand bis 1983 am Standort des ehemaligen Empfangsgebäudes vom Bahnhof Wuitz-Mumsdorf.

7. Quellen und Literatur

Archiv der Rbd Dresden: Statistische Bände, 1930 bis 1944

Archiv der Rbd Erfurt: Betriebsmittel K II g Nr. 2, Bd. I S. 1 bis 130, Bd. II S. 1 bis 206, Bd. II S. 1 bis 69

Archiv der Rbd Halle

Archiv der Staatlichen Bauaufsicht Gera

Archiv der Stadt Gera, Staatsarchiv Weimar, Außenstelle Altenburg

Privatarchive der Herren Dr. Hans-Joachim Dreßler, Hans Röper und Ernst Wachsmuth

Sammlung der betrieblichen und verkehrlichen Anweisungen der G. M. W. E. des Bahnhofs Gera-Leumnitz, 1901 bis 1949

Anschlußvertrag zwischen dem Kalkwerk Georg Hirsch, Leumnitz, und der G. M. W. E.

Buchfahrplan Heft 41, 1969/1970

Dienstfahrplan der G. M. W. E. (gültig ab 6. Oktober 1940)

Fahrpläne der G. M. W. E., 1901 bis 1949

Geraer Zeitung, Geraisches Tageblatt, Volkswacht (versch. Jahrgänge)

Geschäftsberichte und Bilanzen der G. M. W. E., 1901 bis 1927

Geschäftsberichte der Geraer Straßenbahn-AG

Holzborn, K. D./Kieper, K.: Dampflokomotiven Zahnrad-Lokalbahn-Schmalspur. — Berlin, 1968

Kieper, K.: Die Franzburger Kreisbahnen. — Berlin, 1982

Kursbücher der Deutschen Reichsbahn, 1949 bis 1969

Der Modelleisenbahner, 17 (1968) 12 S. 359 bis 364, 22 (1973) 6 S. 161 u. 162, 26 (1977) 4 S. 94 bis 98, 26 (1977) 5 S. 136 bis 139

Obermayer, H. J.: Deutsche Schmalspur-Dampflokomotiven. — Stuttgart, 1973

Preuß, E.: Die Spreewaldbahn. — Berlin, 1979

Signalbuch der Deutschen Reichsbahn, 1959

VEB Verkehrsbetriebe der Stadt Gera: Festschrift 75 Jahre Geraer Straßenbahn. — Gera, 1975

Weisbrod, M./Petznik, W.: Dampflok-Archiv Band 4. — Berlin, 1981

8. Abkürzungen

Aa	Allan-Steuerung, außenliegend
Ab	Abort
Anschl	Anschlußgleis
Bf	Bahnhof
BHG	Bäuerliche Handelsgenossenschaft
BKW	Braunkohlewerk
BNd	Betriebsvorschrift für den Neben-bahndienst
Borsig	A. Borsig Lokomotivbau Berlin-Tegel
Bremen	Waggonfabrik Bremen
Bw	Bahnbetriebswerk
DEBG	Deutsche Eisenbahn-Betriebs-Ge-sellschaft, Berlin-Schöneberg
DR	Deutsche Reichsbahn
DRG	Deutsche Reichsbahn-Gesellschaft
DV	Dienstvorschrift
EG	Empfangsgebäude
Eisfeld	Schmalspurbahn Eisfeld—Schönbrunn (Unterneubrunn)
Esslingen	Maschinenfabrik Esslingen (Neckar)
FB	Feldabahn
GmP	Güterzug mit Personenbeförderung
Görlitz	Waggon- und Maschinenbau AG, Görlitz
Goossens	Waggonfabrik Fa. Goosens, Eschweiler-Aue
Gsch	Güterschuppen
Gw	zweiachsiger gedeckter Güterwagen (Tragfähigkeit unter 15 t)
Ha	Heusinger-Steuerung, außenliegend
Henschel	Henschel & Sohn GmbH, Kassel
HHE	Hildburghausen-Heldburger Eisen-bahn
Hof	Waggonfabrik Gebr. Hofmann AG, Breslau
Hofmann	Waggonfabrik Gebr. Hofmann AG Breslau
Hp	Haltepunkt
Hst	Haltestelle
Kb	Kohlebansen
KED	Königliche Eisenbahn-Direktion
KKw	vierachsiger Kalkdeckelwagen (Tragfähigkeit unter 15 t)

Klingenthal	Schmalspurbahn Klingenthal—Sachsenberg-Georgenthal
Köln-Deutz	von der Zypen & Charlier, Köln-Deutz
KPEV	Königlich-Preußische Eisenbahn-verwaltung
LKM	Lokomotivbau „Karl Marx", Babelsberg
LPG	Landwirtschaftliche Produktions-genossenschaft
Lsch	Lokomotivschuppen
Lst	Ladestraße
MfV	Ministerium für Verkehrswesen
MME	Mosbach-Mudauer Eisenbahn
O & K	Lokomotivfabrik Orenstein & Koppel, Drewitz bei Potsdam
OOw	vierachsiger offener Güterwagen (Tragfähigkeit unter 15 t)
Ow	zweiachsiger offener Güterwagen (Tragfähigkeit unter 10 t)
PmG	Personenzug mit Güterbeförderung
pr	preußisch(e)
Rastatt	Waggonfabrik Rastatt
Raw	Reichsbahnausbesserungswerk
Rbd	Reichsbahndirektion
Reichenbach	Schmalspurbahn Reichenbach (Vogtl) unt Bf—Oberheinsdorf
Reußen-grube	AG „Reußengrube" Erdfarben- und Verblendsteinfabrik zu Cretzschwitz
Sächs.	Sächsische Staatseisenbahn
Sts. E. B.	
Sch	Schuppen
TB	Tagebau
Uerdingen	Wagenbauanstalt Uerdingen
VOMAG	Vogtländische Maschinenfabrik-AG, Plauen
Werdau	Waggonfabrik Werdau in Sachsen
Wh	Wartehalle
Whs	Wohnhaus
Wst	Werkstatt
wü	württembergisch(e)
WW	Wernigerode-Westerntor
Z-Park	Zerlegungspark

P. Koehler/W. List

Das Bahnbetriebswerk, zur Dampflokzeit

Reihe: transpress Verkehrsgeschichte

1. Auflage
Etwa 176 Seiten — 190 Abbildungen — 10 Tabellen
Broschur DDR 01420 — Ausland 22,00 DM
Bestellangaben:
ISBN 3-344-00114-0
566 766 9/Koehler, Bahnbetriebswerk

III/87

150 Jahre währte die Zeit der Dampflokomotive bei den deutschen Eisenbahnen. Über ihr Zuhause, das Bahnbetriebswerk, wußten jedoch nur wenige etwas Genaues, denn jahrzehntelang war der Besuch einer solchen Einrichtung für den Eisenbahnfreund ein unerfüllbarer Wunsch. Nun ist das Bw der Dampflokzeit bereits Historie, und es wird zunehmend schwieriger, der heranwachsenden Generation Dampflokomotivbehandlungsanlagen vorzuführen. In diesem Buch ist es den Autoren gelungen, aus noch vorhandenen Anlagen und historischem Quellenmaterial ein gültiges Bild nachzuzeichnen und noch einmal die Atmosphäre einer aussterbenden Epoche der Eisenbahn einzufangen.

transpress
VEB Verlag für Verkehrswesen
DDR - Berlin
1086

W. Drescher

Die Saal-Eisenbahn und ihre Anschlußbahnen

Reihe: transpress Verkehrsgeschichte

1. Auflage
Etwa 160 Seiten — 200 Abbildungen — 43 Tabellen
Broschur DDR 01320 — Ausland 16,80 DM
Bestellangaben:
ISBN 3-344-00109-4
566 638 3/Drescher, Saal-Eisenbahn

III/87

Tief hat der Fluß in Millionen von Jahren sein Bett in den Fels geschnitten und sich den Weg von Saalfeld über Rudolstadt, Kahla, Jena, Camburg und nach Weißenfels gesucht. Die Eisenbahningenieure des vorigen Jahrhunderts, vor die Aufgabe gestellt, einen Schienenweg vom Norden über das Thüringer Gebirge zum Süden zu suchen, wußten die natürliche Trasse geschickt zu nutzen, und so entstand in abwechslungsreicher Landschaft eine leistungsfähige zweigleisige Bahn, die für den Nord-Süd-Verkehr, national und international, enorme Bedeutung erlangte und sie bis heute bewahrt hat.

transpress
VEB Verlag für Verkehrswesen
DDR - Berlin
1086